园林景观设计

从概念到形式

（原著第二版）

［美］格兰特·W·里德　著

郑淮兵　译

中国建筑工业出版社

著作权合同登记图字：01-2008-3220号

图书在版编目（CIP）数据

园林景观设计　从概念到形式（原著第二版）/（美）格兰特·W·里德著；
郑淮兵译.—北京：中国建筑工业出版社，2009（2023.12重印）
　ISBN 978-7-112-11602-7

　Ⅰ.园…　Ⅱ.①里…②郑…　Ⅲ.景观–园林设计　Ⅳ.TU986.2

中国版本图书馆CIP数据核字（2009）第211100号

From Concept to Form in Landscape Design，2nd Edition/Grant W. Reid，–9780470112311
Copyright © 2007 John Wiley & Sons，Inc.
Chinese Translation Copyright © 2010 China Architecture & Building Press
All rights reserved. This translation published under license.
没有John Wiley & Sons，Inc.的授权，本书的销售是非法的

本书经美国John Wiley & Sons，Inc.出版公司正式授权翻译、出版

　责任编辑：董苏华　郑淮兵　戚琳琳
　责任设计：崔兰萍
　责任校对：李志立　刘　钰

园林景观设计
从概念到形式
（原著第二版）

[美]格兰特·W·里德　著

郑淮兵　译

*

中国建筑工业出版社出版、发行（北京海淀三里河路9号）
各地新华书店、建筑书店经销
北京雅盈中佳图文设计公司制版
河北鹏润印刷有限公司印刷
*
开本：880×1230毫米　1/16　印张：11¾　字数：376千字
2010年6月第一版　2023年12月第二十七次印刷
定价：58.00元
ISBN 978-7-112-11602-7
　　　　（32533）

目　录

前　言

不管你是刚刚迈入设计师之列，还是本行业的行家里手，你总有再提高或是使用一种新方法进行设计的可能性。园林景观的设计形式是影响户外环境诸多因素中的最根本的可见因素。场地本身既包含机会又有局限性，场地的主人或开发商经常有资金上的限制，潜在的使用者又有各种设计需求。园林景观设计就是要把这些因素进行完美结合——既满足人们的需求又保护好敏感的环境。本书的中心就是介绍设计合适的景观形式的过程。

形式和功能是这一过程中的关键因素。有人认为形式服从于功能，形式是解决功能问题的逻辑结果。而另一些人认为形式有自身的完整性，它能影响场地的使用。换言之，形式可以先于或决定功能。因为概念常要面对思想和功能的问题，因此本书的书名似乎偏向于"形式追随于功能"的观点。事实上，作者却认为形式是功能中不可分割的一部分，它对功能的影响具有双向性。

本书介绍了一种园林景观设计的方法，这种方法多半具逻辑性和结构性。几何学和自然主义共同构成了这种结构性的基础并成为思考形式的一种方法。这种方法鼓励你用几何学的和自然的思想去设计，利用书中所举的实例，在实践中举一反三，进而创造出更多更好的形式。本书是你开拓思路的一种工具，使你走出既有思维模式的局限。设计中思路梗堵是令人头疼的事，但尝试一些新方法去克服它们又是多么令人振奋！

书中大部分照片和设计方案系作者在美国科罗拉多州和新西兰工作时长期积累所得，因此设计方案要满足科罗拉多州干旱的环境条件并符合当地人的生活习惯。在沙漠、热带雨林、多雨地、临海地及严重城市化的地域工作的读者，也可以应用书中的设计方法，不过需要作一些创造性的改变。

本书配有网络在线销售，目的是让读者更方便得到本书，并利用书中讲述的方法进行尝试。尽管本书主要对象是教师，但也可以为每位设计师所用。设计师可将书中的设计模式和概念方案图用较大的尺寸打印出，以便能在工作室手工更改。同样，设计师也可以利用网上下载的电子图纸在计算机上直接修改。需要网络在线销售服务的读者请访问www.wiley.com/go/conceptform。

致　谢

模型和插图

图2-21，罗伯特·希尔；图2-101，康尼·冈特；

图3-10，吉尔·伯森；图3-36，玛丽·斯卡格斯。

照片

图2-15、2-75、3-88、3-39和4-60由EDAW公司提供。

图2-78、3-24、3-108、3-117和4-16由丹尼尔·尼日提供。

其他所有的照片和插图均由格兰特·W·里德提供。

传统的风景园林设计方法常开始于调查，即调查业主的目的，调查场地的尺度，调查潜在使用者的需求。这一过程的规范性提法即是"立项、场地勘察、场地分析"。调查结束后就要进入下一步——设计概念。概念的过程体现了改善特定场地景观的一些思想，这些思想通常是调查的逻辑结果。但有时它们先于调查，只能通过调查去修改这些思想，使之更加精练。

这些概念就是不同水平层次的想法，在探讨这些不同水平层次的想法之前，让我们先探究一些创造性的过程，即这些想法是从哪里来的呢？

创造力

作为设计师，我们通常总想使用一些容易的方法："我以前见过类似的还不错的设计"，"我以前在其他项目上成功地运用过这一想法"，"我熟悉这些概念、植物、模式，故可以再次用它们"，"这些材料不贵且容易得到"。

这些保守的设计态度并没有本质的错误，事实上，我们必须持续依靠它们才能得以生存。然而，我们在使用这些保守的方法时应该经常用创造性的思维模式加以平衡："我如何才能提点新想法？"

很多想法来自收集到的关于设计项目的一些信息，来自场地的特殊性及使用者的需求。我们应该研究并组织好这些客观事实，把问题看成是机遇而不要看成是限制。我们的设计实践应始于对现实场地的理解，不应该考虑"是什么"和"可能是什么"。我们需要用开放、接受的态度去主动思考那些不熟悉的、冒险的方面，同时克服思想上固有的以下心理感受和态度：

害怕未知事物；

害怕失败；

马上就需要完美的方案；

全神贯注于实用性。

下面是作者的工作方法，不妨试试：

1. 选择舒适的环境

选择一个既放松，又能集中精力、很少被打扰的工作空间。一把舒服的椅子，一首合适的曲子，以及限制他人打扰，无噪声的环境，令人赏心悦目的视野等，所有这些都有利于产生设计灵感。

2. 考虑创造性的改进

选一个熟悉的想法去思索如何才能把它进一步优化，试图考虑能否找到更为简单、经济、快捷或是更有效、更美丽而不繁琐的解决方案。

3. 用"要是……又怎样"去梦想

在没有找到最佳解决办法之前不要排斥其他想法，允许思维任意想象，并接受那些起初看似不太可能的、奇怪的、怪诞的甚至不可能的想法。真正令人记忆深刻的方案，往往先从很多滑稽可笑的梦想开始，比如："要是你从不修剪草坪会怎样？"或"要是让植物自行生长繁衍会怎样？"。这类问题可笑吗？或许是，或许不是。

4. 研究一些过程

研究思考一些动态的关系和过程，比如物种延续、回收利用、能量保护、土壤侵蚀以及水的循环等。

5. 试着改变物体的形状

经常拿熟悉的物体或形式做实验，试着做一些不太可能的重新整理、组合、增减或是扭曲变形（歪曲、折弯、挤压、拧捏、打卷、缠绕、折叠、弄平、伸展、紧缩、推、拉）。

6. 接受有瑕疵的方案

让那些初看起来并不可行的想法保留在脑海中，通过改进，你可能引出一个相似的，但更加可行的想法。要么你也可以回到第2步，进行创造性的改进。

7. 使最初的想法具体化并进行交流

上述的建议大多只涉及单独的设计师。而一群设计师采用头脑风暴的方法会产生很多其他的问题，本节将不涉及这个方面。但是就一个尚不成熟的方案进行交流有很多好处。即使是最粗糙的快速设计草图或图表都可能成为进一步评价、扩展和提高你自己想法的跳板。有时候和同事或者朋友交谈可以引发他们对这个方案的一些相关思考，从而产生一些机会，但如果不交谈这些机会就错过了。

8. 改变路线

试着把目前的方向放在一边，有意识地尝试一些完全不同的东西。采用相反的位置，换成不同的图案，尝试不同的材料、颜色或者质感。更多关于这一方法的内容将在下面对于水平思维的讨论中涉及。

9. 暂停或者离开

当我遇到设计的障碍或者令人恼火又难于解决的问题时，我通常会先放下它去做其他有趣的事情，或者干脆睡一觉。有时候，当暂停结束的时候潜意识里就会产生解决的办法。由于这并不是一个很可靠的方法，所以如果它起作用的话就只能算是锦上添花了。而且，在工作时间玩耍或者睡觉也是很难说得过去的。

如果你想学习实用和有效的创造性思考的方法，可以阅读爱德华·德·波诺（Edward De Bono）的著作《严肃的创造力》（*Serious Creativity*）。他创造了术语"水平思维"（Lateral thinking），这是引起激发刺激思想的核心。这一概念的关键是故意尝试去激发思想，使其脱离主流的思想从而产生新的想法。

为了保证有效，这种激发刺激应该具有一定的不合理性。爱德华·德·波诺列举了一些刺激的来源。对于我，最有效的是否定和随机输入。

否定

否定就是通过做与常规的知识相对或者相反的简单陈述，脱离我们认为理所当然的事物。下面用我作品中的一个简单的景观实例来解释这一点。

设计挑战

一个公共广场中互动雕塑的创造性思维。

激发刺激

将火和水相混合（不是预期的或者实际的组合）。

引发的想法

例如，如果把岩石加入这一组合里又将如何呢？

这看起来是非常感官的体验。我能把香味包含在里面吗？

现在我们有了石头、火、水和香气。

也许水可以以水蒸气的形态出现，那么采用雾喷嘴怎么样呢？

香气应该和雾结合在一起还是单独设计呢？

我该把它们放在哪里呢？我应该采用岩石碎块还是把一个大型的天然岩石切割成片，并将各片分开产生缝隙呢？

雾需要凝结在岩石上带来触觉感受吗？

如果采用橘红色的灯光来隐喻火，而不是采用传统的火焰会怎么样呢？

也许雾颗粒会反射光线。采用激光光源怎么样呢？

实施

现在所有的这些问题和一些粗略的草图开始凝结成一个可以识别的想法（图1-1）。现在要付诸实践看如何使它们得到实现。接下来的研究包括旋转岩石切割机、泵、雾化喷头、柱形和弓形的激光、支持系统，当然还包括费用。

评价

截至编写本书时，这个雕塑还没有建成。这意味着它不是一个好的雕塑吗？未必。这里还有一些没有解决的技术问题。也许是提供给了不对路的客户或者不是最佳的时机。或许是造价太高了。以后这个方案会被起用并找到其最佳的位置。不管怎样，评价你的想法是创造过程的重要部分。寻找创造性的想法需要大量的精力和训练。即使它们没有马上变成现实，也值得花一些时间去回顾这些想法，以后重新利用，或者记录下来为以后提供灵感以获得

图1-1

稍有些不同的创意。

下面是"否定"的另外一个例子。

设计挑战

一种新的景观篱笆或者障碍物。

激发刺激

障碍物不是地上构筑物。

引发的想法

为了控制人和车辆的移动有一些通用的原则。

地上或者地下的什么东西是向下而不是向上的呢？

断层峭壁、沟或者壕沟越入脑海。

怎样用其他方法传达一条"禁止通行"线的意思呢？

电子信号或者接收器可以标明这里是禁入区域和管理者不鼓励进入。

全球定位系统可以使人们不接近吗？

是不是地面上使人不舒服或者危险的物品可以阻止进入呢？

这使人想起不均匀的或者不稳定的表面、沼泽、泥泞或者其他的黏稠的材料。

评价

这个想法没有继续进行下去，但是可能在某些地方这个想法可以付诸实施。重要的是否定激发迫使思维方式超越"是什么"（篱笆或者墙）而进入到"可能是什么"。

随机输入

随机输入是通过利用词语的关联性来实现的。从装有不同词语的摸彩袋子里随机选一个，并把它和你的设计概要中的一个词联系起来。例如：

设计概要

关于铺装的新想法。

激发刺激

词语"狗"（随机选的，没有与概要相联系）。

引发的想法

"狗"可以和服从相联系。

一种有服从性的铺装；可以根据命令进行改变？

声音感应器、移动感应器、压力感应器。

根据命令折叠收藏起来或者卷起来。

根据命令改变光反射、颜色或者质感。

根据天气变化而变化：自动加热融冰或者在炎热时降温以提供舒适的表面。

在有人行走时产生声音。

评价

经过进一步的研究，有一条或者多条意见是可行的。把时间用在广泛的、没有解决的概念层面是很重要的，而不应该过快地转向寻求实际应用。大多数的新想法都是在这里产生的。与严格限定的途径相比，模糊的环形思考方式更加有利，它们有可能会给出一些不同的、广泛的概念，使你的思想保持动态，去到不同的方向。应该强调发掘各个想法的有希望进一步发展的机会，而不是他们的困难和缺点。

如果你看一下前面列在"引发的想法"的标题下面的语句，你会注意到有一系列的想法从激发刺激中涌出来。德·波诺列出了一些方法用来组织该过程，他把该过程叫做"移动"。

- 从激发刺激中提取原则。
- 针对现状比较不同和优势。
- 使激发可视化，就如同你在头脑中播放视频。

让我们来看一个景观实例。

设计概要

找到一个处理城市径流的好办法。

激发刺激

引回天然的溪流。

在很多的城市社区里，这看起来是不合理的，因为在几十年前所有自然流动的溪流就已经被改造了，现在有的只是地下的管道或者混凝土砌筑的沟渠，有的甚至还被城市建筑物覆盖着。一旦一个做法被认为是好的，那么要想取消它以恢复原状，一般会受到强烈的抵制。在这里，工程的传统做法也受到了挑战。

有什么原则可以从激发刺激中提取出来呢？

- 溪流是自然系统，有着自身的生物生态系统。
- 在自然溪流中水位是变化的，它可能消失也可能引起洪水。
- 政治、社会及经济情况将需要调整。

不同和优势是什么呢？

- 溪流可见、可听、可触摸（与地下管道不同）。
- 溪流表现得更加有机、自然和吸引人。
- 溪流使径流减速而不是加速。
- 溪流允许向地下水系统渗透。
- 溪流提供一定的自然过滤。

这种激发刺激可以变成哪些可见的景色呢？

- 瀑布落水。
- 水池和蜿蜒的渠道。
- 汹涌的洪水。
- 干涸的河床。
- 鱼池。
- 引来小鸟喝水、游泳、吃食或者洗澡。
- 昆虫在水边飞翔、漂浮。
- 植物在水中或者水边生长。
- 人与水互动。

在超越激发刺激的过程中，我们利用这些技术去建立联系，找到新的概念，找到发展思想的价值。在瑞士的一些社区发现建立自然溪流的费用可以被节约新水处理系统的费用所抵消。德国一些地区认为重新打开河流计划的花费是合理的，因为他们增加自然景色。在科罗拉多社区的 Breckenridge 通过重修蓝河得到了更多的旅游收入，蓝河是一条在一个多世纪前在黄金开采活动中被埋在地下的河流。

一个概念可以被定义为一个总体的理念或者理解。在实践中，有很多层次的概念思维，从对项目的广义统一的陈述到很好限定的不同部分间的关系。

本书集中讨论的部分为如何将总体的思想转化成具体的景观形式和材料的设计过程。

不同层次的概念表达经常互相重叠并且互相融合。我们不必过度关注如何区分不同的层次。但是，为了有效讨论这些理念是从哪来的及它们是如何操作的，把它们分成两组：哲学概念和功能性概念。

哲学概念

哲学概念用来表达一个项目的外形、目的以及潜在的精髓。就特点来说，它们是更加广泛、全面和沉思默想的。有一些是没有界限的——包罗万象和可扩展的。例如，是否一块场地有内在的场所意义就是一个宽泛的哲学理念。古罗马人把这叫作"地方特色"（genius loci），即场地的一种主导精神。设计师需要发现并且揭示这种精神的特征，进而明确场地如何使用，并巧妙地使它融入有目的的使用和特定的设计形式中，以便体现这种精神，增强地方特色。

其他的概念可能更直接和一元化，预示着局限和机会，例如"节约能源的景观"。无论哪种方法设计师都在试图给设计的环境引入意义。

寻找意义

一个设计的景观一定要讲述一个故事或者有更深的意义吗？未必。经过几十年的实践，我发现一个对于客户的关注点、需要和场地问题的精彩解决方案会使绝大多数的客户极为高兴。他们期望得到实用的空间和能表达内在美感的形式等。但是，经常有些特别的东西，它们能超越功能和视觉的吸引力，与场地及其潜在的使用者建立强烈的联系。这种带给场地的额外的魔力使得我们的努力非常值得。但是，一个设计师如何给景观带来更深入的联系，或者给使用者带来特别的有纪念意义的体验呢？

当在设计中寻找意义的时候可以考虑下面的思路。

主题 统一主题或者题目。通往意义的最简单的途径之一就是暗示一个恰当的主题。例如，"节水"可以是一个干旱环境的重要主题。"与河建立联系"是景观改造的主题（图1-2～图1-4）。

符号 通过联系、相似或传统，一些事物或者形式代表着其他的一些东西。例如，修剪的灌木代表着远山，又如树使人联想到保留的和珍贵的自然场所。

隐喻 经常用不相似的物体或概念来暗示对比。例如以流动图案布置的白色鹅卵石隐喻着溪流中的水体。

寓意 在引人注目的或可视的装置中常用文字或者事件象征着寓意。例如，在一个安静的花园里可能有冲突形象产生干扰，目的是要告诉大家一个需要平静共处的道德故事。

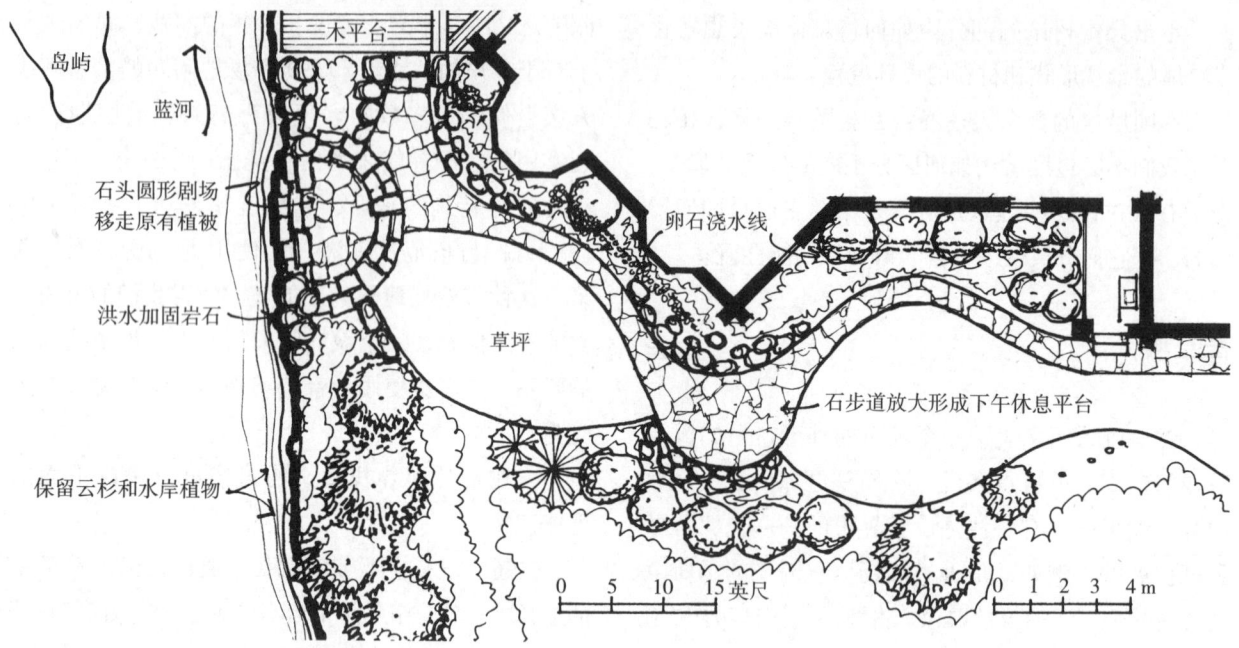

图1-2 改造平面图

图中标注：

岛屿

蓝河

石头圆形剧场
移走原有植被

洪水加固岩石

保留云杉和水岸植物

木平台

卵石浇水线

草坪

石步道放大形成下午休息平台

0 5 10 15 英尺

0 1 2 3 4 m

图1-3 改造前

图1-4 改造后

Potteiger 和 Purinton（1998）指出了一些建立景观叙事的方法：

• 用地方的名字来建立个性，传达出一些关于名字的信息。

• 元素的序列、空间、开放和闭合可以讲述故事。

• 开敞或者隐藏元素可以产生发现或悬念的感觉。

• 集合场所鼓励与场地的对话及参与者之间的对话。

• 故事可以雕刻在景观构筑物上面（刻在石头上的信息）。

为了发展这些地区设计师需要强调该强调的东西。需要找到并理解客户或者使用者的情况、感觉或者目的。他们赋予这个项目的理想、信念或者价值是什么，及如何将它们转化成物质形式，使它们成为文化或者个人背景的真实反映。

哈尔普林（Laurence Halprin）在加利福尼亚州的旧金山设计的"内河码头广场喷泉"（图1-5）是由一些弯曲的、折断的矩形柱状体组成。作为一种城市经历了剧烈地震所造成的混乱和破坏的象征物，它提醒人们这座城市坐落在不良的地质带之上。

图1-5

再如作者本人设计的"干旱园"（图1-6），环形的道路系统象征着生命的轮回。道路同带有扇贝壳的石墙紧密结合代表着自然生物圈中各种生物的相互依存。

图1-6

图 1-7 中这个小花园的园主人是即将结婚并共同拥有这栋新房的两个家庭。四角形的星形花园预示着和睦相处的四个人，中间的一组石块象征着这个大家庭紧密相连的心。

图 1-7

象征性的形式能给空间带来一种特定的内涵（图 1-8），因为它们能增加一种神秘的色彩并且不同的人对其有不同的理解。传统的日本园林就富于象征性并给人以丰富的遐想：沙中的石块在一些人眼里是大海中的航船，在另一些人眼里就是白云中飘浮不定的游子。

图 1-8

总之，西方园林缺少哲学深度或者叫象征主义，这是不应该的。如果设计师去发现场地的精神并追寻它的意境，你会发现你有很多机会去弥补这一点。

那么雇主或设计师要赋予场地什么意境呢？比如，以下情况通常易于把空间和象征主义联系在一起：

- 突出权力和成功意义的场地。
- 显示科学技术重要性的空间。
- 一个包含河流的广场象征把水作为生活欢乐之源来庆祝。
- 一个再开发的小区能反映出历史价值的重要性。
- 一处景观能设计成以保护自然生态系统为目的，而不是以突出养护管理为目的。
- 一处复合的办公小区能突出这样一个信息：此处办公的公司对环保和资源的保护特别关注。
- 一个富有挑战性的场所可以设计出令人震惊、不安、惊奇、迷茫的环境。
- 一个安静的场所可以设计出令人冥思遐想的环境。
- 一个娱乐的场所娱乐性应该是第一位的。
- 体现人道主义或者博爱思想的场所。

- 突出革新和进步主体的场所。
- 反映精确、优雅和简洁意境的空间。

一旦设计者找到了适于客户和场地的哲学理念，下一步就是要用具体的形式表达这些概念了。经过反复琢磨和"头脑风暴"之后，就会想出一些可见的形体。可用弯曲的线条、几何形体以及一些人造物质如塑料、钢材、水泥等去反映高技术信息；用有机体形式、水体以及一些软材料如草坪、树木等去体现环保价值；用明亮鲜艳的动态元素布置娱乐场地；用淡雅的静态元素布置安静休息区。

影响概念深入发展的另一个抽象的领域是情绪，究竟什么情绪能与设计目的相匹配？这些要表达的情绪可能是下面几种：

- 严肃的，轻浮的
- 主动的，被动的
- 惊奇的，平淡的
- 内省的，外向的
- 合作的，对抗的
- 刺激的，抚慰的
- 交互的，孤独的

接下来我们要问，什么样的具体形式或材料能引起这些情绪呢？

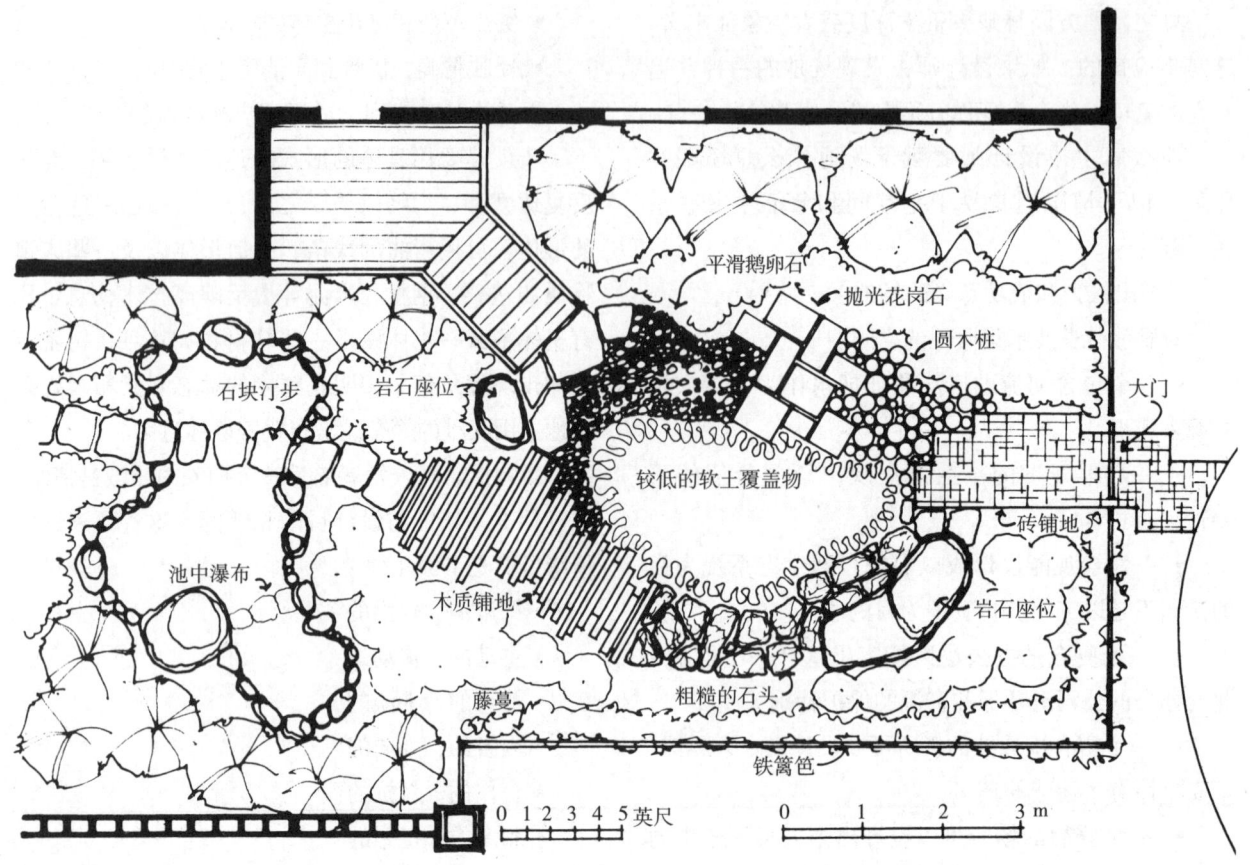

图 1-9 光脚花园（Barefoot garden）

图中标注文字：

平滑鹅卵石
抛光花岗石
圆木桩
大门
较低的软土覆盖物
砖铺地
岩石座位
木质铺地
石块汀步
岩石座位
池中瀑布
藤蔓
粗糙的石头
铁篱笆

0 1 2 3 4 5 英尺　　0　1　2　3 m

以后各章包括许多反映特定思想、由哲学理念发展而来的设计方案。许多概念性的方案强调视觉效果，然而也有一些方案尝试去唤起人们的其他感觉。如一些方案考虑到引起人们触觉感受的可能性，利用不同的质感诸如粗糙、平滑、柔软、尖锐、潮湿、干燥、炎热、崎岖等来引起多种触觉感受。尽管质感非常适合为视障人士设计的空间，但这种方法在户外设计中往往会被忽视。图 1-9 是作者设计的一个"光脚花园"，在这里基本的感受都是单纯依靠脚来实现的。

在园林设计中可以设计出与嗅觉、听觉、运动感有关的方案。香味对情感有很强的影响；声音，尤其是能被使用者所控制的声音，会给人带来额外的兴奋；运动元素和身体运动能增加园林体验中的兴奋度。这些非视觉的东西难道不能成为设计形象的一部分吗？它们不能激发设计灵感吗？

功能性概念

在每个项目中都有功能性的问题要解决。有些问题的性质比较普遍，很难把它们明确地罗列到空间图表中去。尽管如此，它们是设计的重要决定条件，在设计过程中要尽早把它们列出来。把它们当成概念性目标是有帮助的。下面是一些例子：

- 维护安全性。
- 将维护成本降到最少化。
- 保持在预算内。
- 减少破坏公物的不道德行为。
- 保持历史特点。
- 减少侵蚀。
- 消除不良的排水方式。
- 保护水源。
- 改善或者阻挡景观。
- 建立私密性或者亲密性。
- 建立或保护生态系统。
- 减少噪声干扰。
- 节约能源。
- 减少动物造成的破坏。

- 提供信息或者直接的标志。
- 为了安全和美学需要布置照明。

功能性限制和机会通常是和场地的空间使用相关联的，它们很容易制成图表，也是本书中要讨论的形式发展的主要问题。而且，它们应该被作为项目或者设计概要的一部分列出来。下面列出来的是私人或者公共景观空间设计的例子：

- 特定的活动区域——娱乐、玩耍、坐和放松、娱乐、观景、遮蔽、用餐和花草生长、商业、教育、表演、爱好、宠物、野餐等。（考虑把它们当成室外空间来安排，以鼓励主要的使用或者多种使用方式。）
- 步行交通循环——入口、步道、台阶区域、桥梁（把它们当成与室外空间的连接）。
- 车辆交通循环——车道、回车、停车场。
- 屏障、障碍和大门。
- 存放空间——废物、个人物品、社区财产、积雪。
- 焦点元素——水、雕塑、构筑物、标志、植物等。
- 野生动物游览区。
- 保留、保育和保护区域。
- 公厕。

使用面积和活动区域能用不规则的斑块或圆圈表示。在绘出它们之前，必须先估算出它们的尺寸，这一步很重要，因为在按一定比例绘制的方案图中，数量形状要通过相应的比例去体现。比如要设计一个能容纳50辆车的停车场（图1-10，顶图），就需要迅速估算出它所占的面积。

然后可用易于识别的一个或两个圆圈来表示不同的空间。

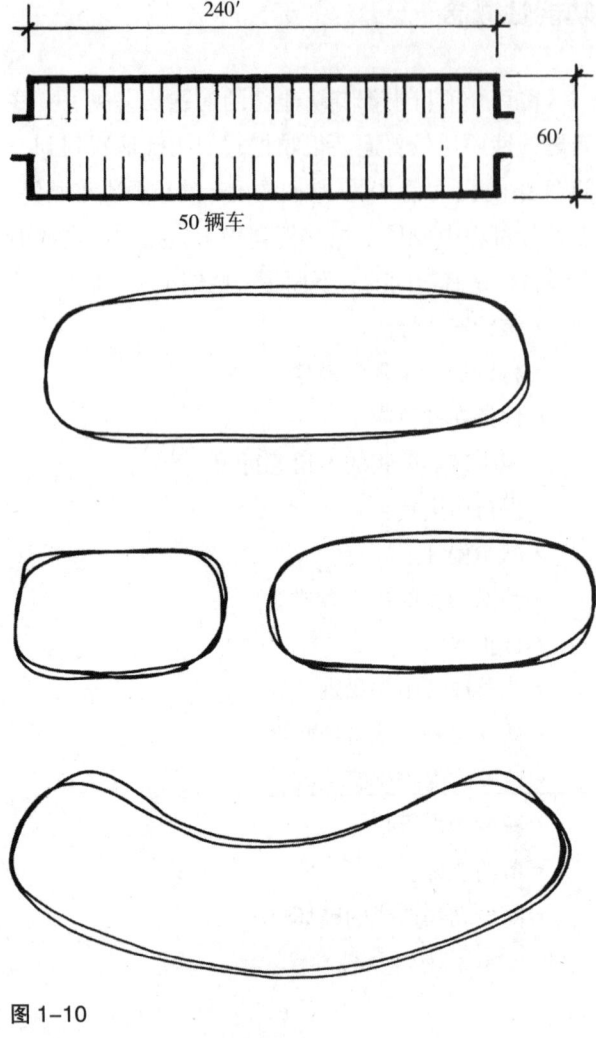

图1-10

简单的箭头可表示走廊和其他运动的轨迹（图1-11），不同形状和大小的箭头能清楚地区分出主要和次要走廊以及不同的道路模式，如人行道和机动车道。

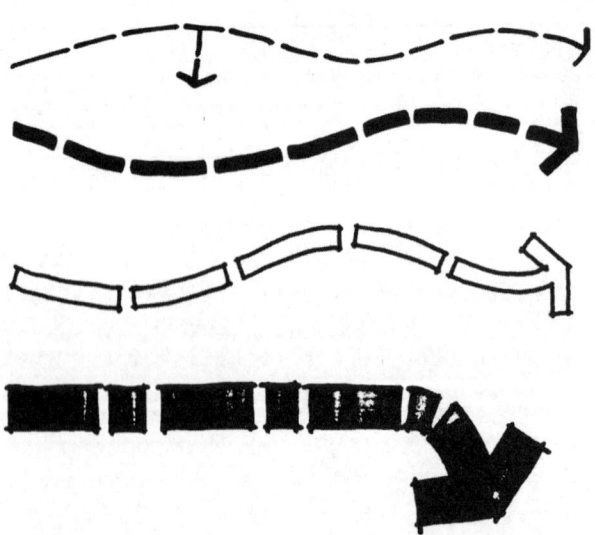

图1-11

星形或交叉的形状能代表重要的活动节点、人流的集结点、潜在的冲突点以及其他具有较重要意义的紧凑之地（图1-12）。

图1-12

"之"字形线或关节形状的线能表示线形垂直元素如墙、屏障、栅栏、防堤等（图1-13）。

图1-13

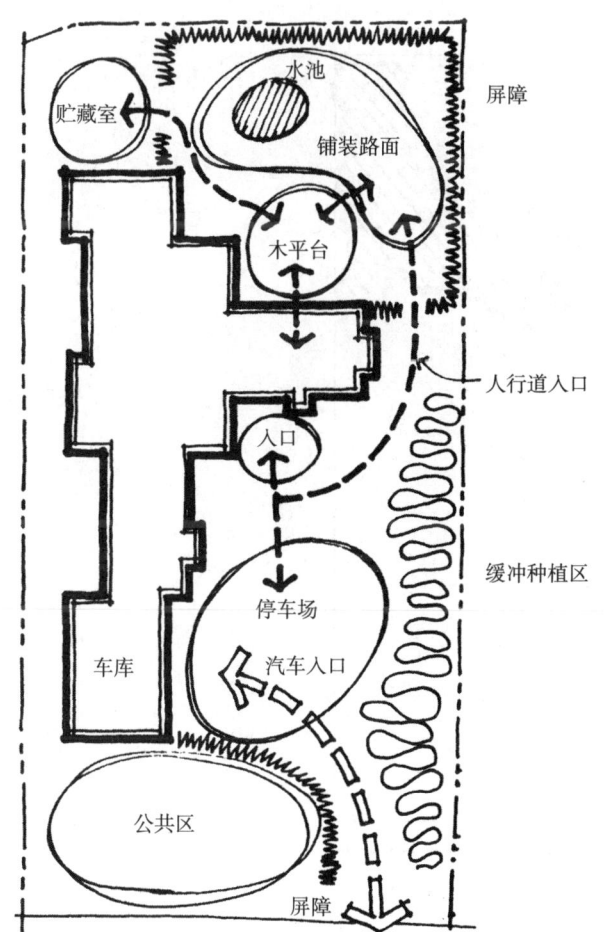

图1-14　概念设计

在这一设计发展的阶段，使用抽象而又易于手画的符号是很重要的。它们能很快地被重新配置和重新组织，这能帮助你集中精力做这一阶段的主要工作，即优化不同使用面积之间的功能关系，解决选址定位问题，发展有效的环路系统，推敲一些设计元素为什么要放在那里并且如何使它们之间更好地联系在一起。普遍性的空间特性，不管是下陷还是抬升，是墙还是顶棚，是斜坡还是崖径，都能在这一功能性概念阶段得到进一步发展。

概念性的表示符号能应用于任何比例尺的图中，图1-14示出的是一个住宅小庭院的设计实例。

另一个概念性方案的例子是一个社区的中心，它下一步的设计思路可以用以下简单的文字来表示：

• 为了尽可能地减少对现有小溪和植被的干扰，先把三个主要建筑物定位。

• 设计能停放 100 辆小车的停车场。

• 使汽车停车场出入口尽可能互不影响。

• 使人行道便于通向邻近的街区。

• 设计多用途的广场或古罗马圆形竞技场那样的，以容纳偶然性表演、户外课堂、娱乐、艺术展、雕塑展等。

• 标出放置某些设施的位置。

• 设计一些开敞的草坪空间以供休闲。

这些思想能很容易且很快地按一定比例在方案图上表现出来。在这一设计过程中，有两个重要的步骤尽管没有写出来，但却应该先于概念性方案而做：一个是场地清单，它记录着场地的现状；另一个是对场地的分析，它记录着设计者的观点和对这些场地现状的评估。事先完成一张根据比例记录场地现状的草图和场地分析计划是绘制概念性方案的有效途径，这一过程可以把场地的相关信息和设计者的思想融合在一起。

图 1–15 显示了未来社区中心现存的场地条件。图 1–16 和图 1–17 显示了社区进一步设计的两种不同的概念。这两个概念都对场地现存的条件进行了分析且满足设计原则，可这两个概念却彼此不同。接下来要仔细地比较这两个概念，揭示出它们的利弊，理性地选出一个较好的概念性方案。

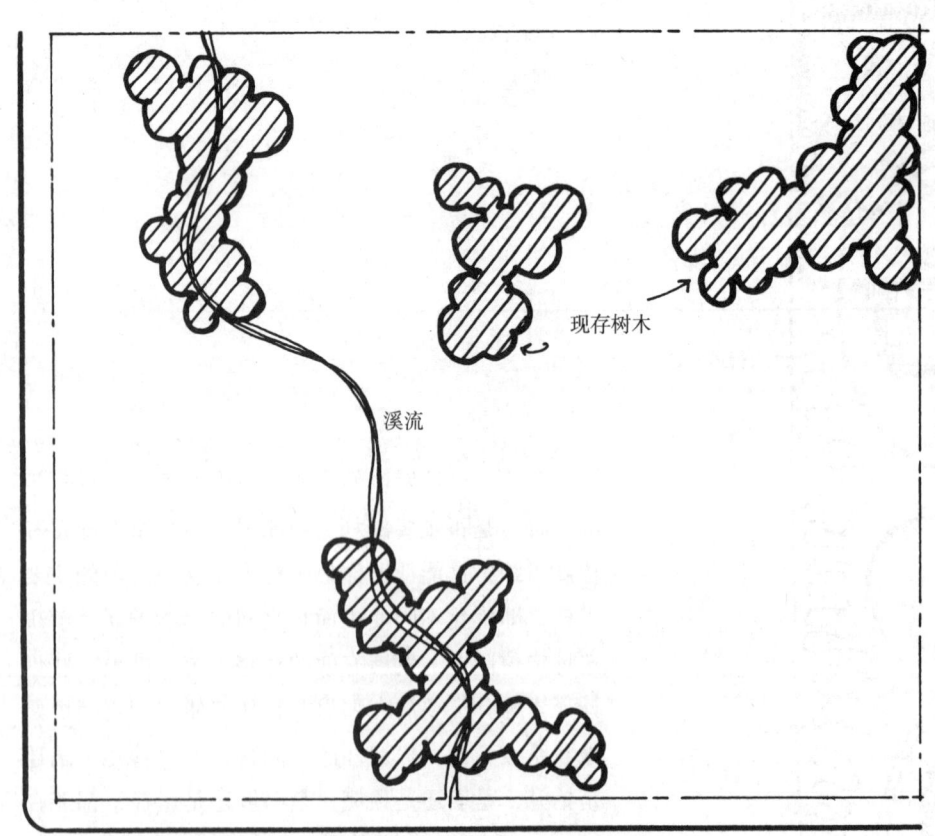

现存树木

溪流

图 1–15

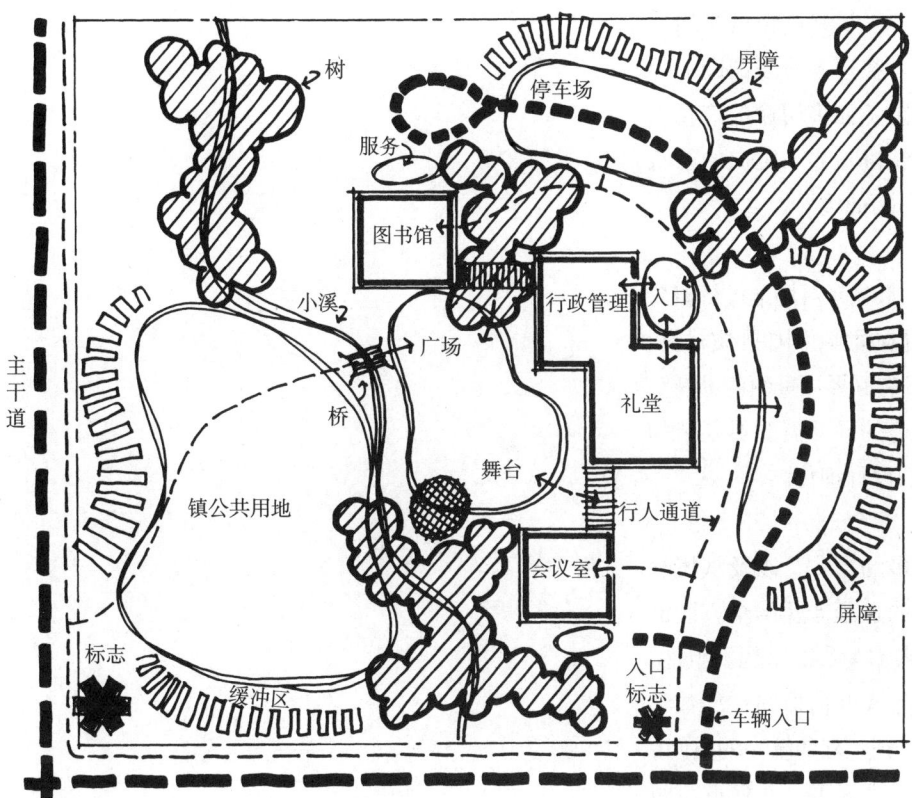

图 1-16

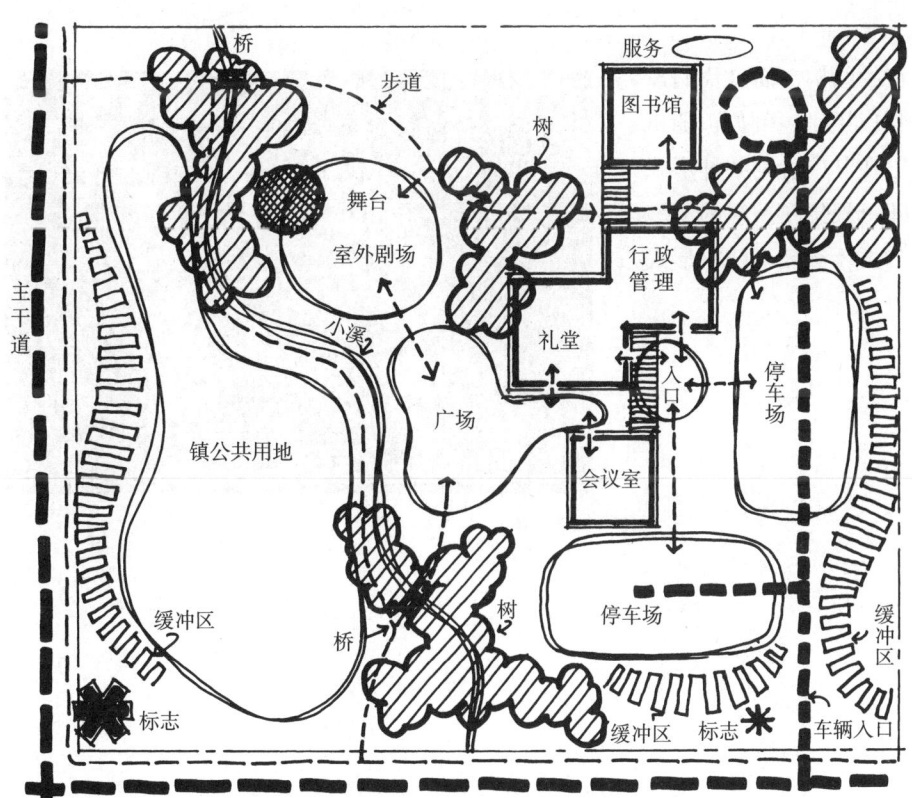

图 1-17

在这些概念发展的过程中，最好避免试图用一些具体的形式和形状来表示。在这一阶段圆圈的界限仅表示使用面积的大致界限（如多用途的广场），并不表示特定物质或物体的精确边界。定向的箭头代表走廊的走向，也不表示它们的边界。

在设计过程的这个阶段，首先是对场地进行概念层次的组织。需要标明表面覆盖材料，例如硬质材料、水、开放草坪和种植区，但是没有必要注重颜色、质感、图案和形式等细节。如果场地的局部需要更复杂的处理，那就需要将这一部分的设计细化。

下面的两章将会探讨很多的形式，以及从概念设计发展的过程。形式发展的过程涉及两个方面的概念。其一是利用几何形状来作为参照主题。组件、连接和关系都要严格地遵循各个几何形内在的数学秩序法则。用这种方法可以得到强烈的统一的空间。

但是对于纯粹的浪漫主义者来说，几何形状可能看起来枯燥、丑陋而且压抑。他们的思维方式是通过形象化的或者更加随机自然的形式给设计赋予意义。这种形状可能看起来不规则、轻浮或者异想天开，但它们更有可能吸引那些寻找乐趣和喜欢冒险的使用者。

这两种模式都有它们内在的结构，而且我们没有必要仅仅通过结构对它们加以区别。例如，随机形式带来的乐趣一部分也在于在其中看到某种形式的纯粹秩序，例如圆，就像随机聚集在一起的泡泡图 1-18，圆形这种有秩序的形式不会破坏随机形式的多样性（图 1-18）。

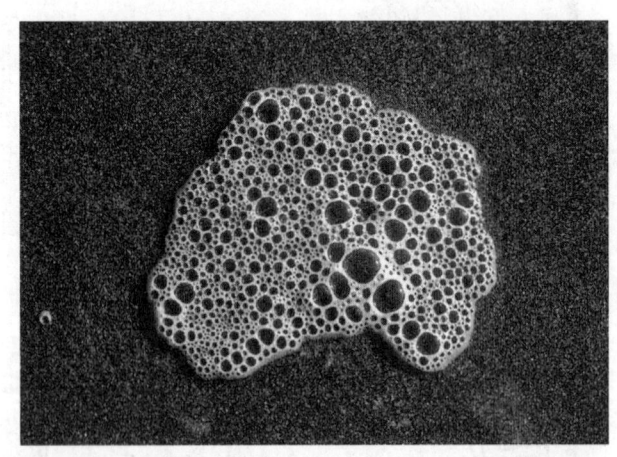

图 1-18

从概念到形式的跳跃被看成是一个再修改的组织过程。在这一过程中，那些代表概念的松散的圆圈和箭头将变成具体的形状，可辨认的物体将会出现，实际的空间将会形成，精确的边界将被绘出，实际物质的类型、颜色和质感也将会被选定。这一章后面的部分将详细介绍如何创造性地选择这些元素，如何创造性地去完成这些元素将在第四章中阐述。

重复是一条有用的组织原则。如果我们把一些简单的几何图形或由几何图形变换出的图形有规律地重复排列，就会得到整体上高度统一的形式。通过调整大小和位置，就能从甚至最基本的图形演变成有趣的设计形式。

几何形开始于三个基本的图形（图 2-1）：正方形、三角形、圆。

利用几何形为主题来组织景观可以从下面几种基本形状演化得出：

- 90°/ 矩形主题，来自正方形
- 135°/ 八边形主题，来自 45°/90° 三角形
- 120°/ 六边形主题，来自 60° 等边三角形
- 圆形组合主题
- 弧形和半径主题
- 弧形和切线主题
- 弓形主题
- 椭圆形主题
- 螺旋形主题

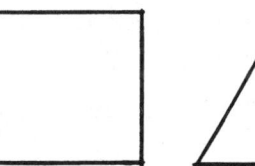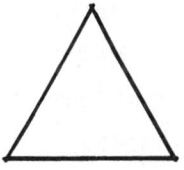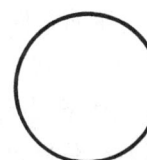

图 2-1

把这些不同的结构主题结合在一起的最好方法就是把不同层的信息叠加在一起同时比较。具体的做法可以把透明的纸叠加在一起，或者利用计算机CAD软件把不同的图层叠加。不管是哪种方法，你都可以同时直观比较不同层上的信息，如图2-2所示。

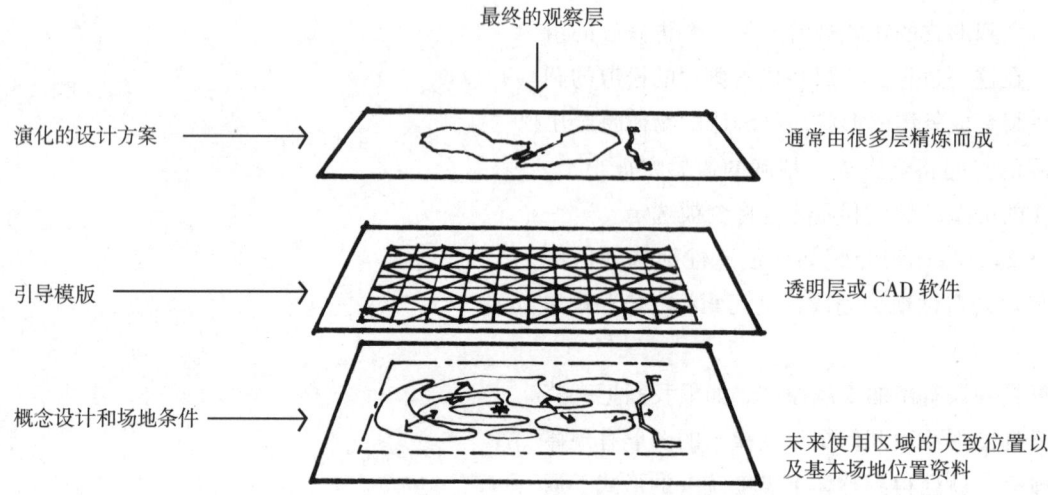

最终的观察层

演化的设计方案 ——→ 通常由很多层精炼而成

引导模版 ——→ 透明层或 CAD 软件

概念设计和场地条件 ——→ 未来使用区域的大致位置以及基本场地位置资料

图 2-2

通常，概念平面图保持静态。表达主题的网格图案可以到处移动或者按需要换成不同的图案。有一些图案可以直接叠加（90°、135°、120°、圆圆叠加、弧形和射线、椭圆形）。

其他的（弧形和切线及所有的自然形状主体）最好就放在演化的设计方案的旁边，而不是下面。

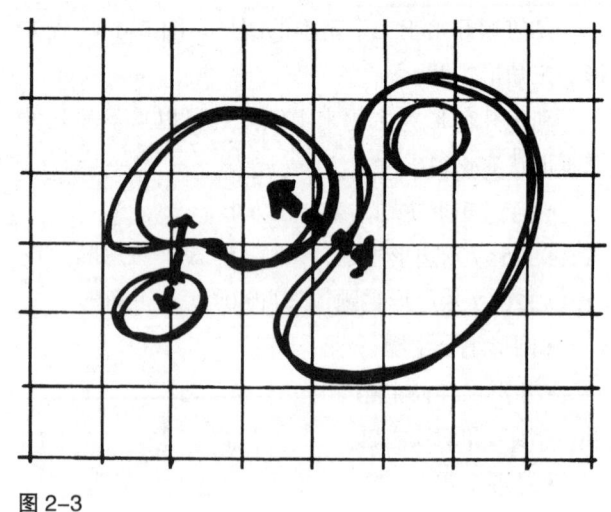

图 2-3

90°/矩形主题

迄今为止 90°／矩形主题是最简单和最有用的几何元素，它同建筑原料形状相似，易于同建筑物相配。在建筑物环境中，正方形和矩形或许是景观设计中最常见的组织形式，原因是这两种图形易于衍生出相关图形。

用 90° 的网格线铺在概念性方案的下面，就能很容易地组织出功能性示意图。通过 90° 网格线的引导，概念性方案中的粗略形状将会被重新改写（图2-3 和图 2-4）。

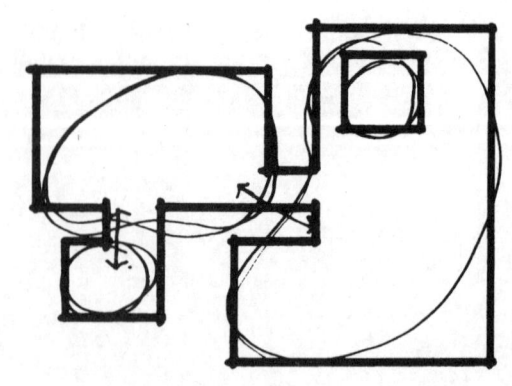

图 2-4

那些新画出的、带有90°拐角和平行边的盒子一样的图形，就赋予了新的含义。在概念性方案中代表的抽象思想，如圆圈和箭头轮廓分别代表功能性分区和运动的走向。而在重新绘制的图形中，新绘制的线条则代表实际的物体，变成了实物的边界线，显示出从一种物体向另一种物体的转变，或者是一种物体在水平方向的突然转变。在概念性方案中用一条线表示的箭头（图2-5）变成了用双线表示的道路的边界（图2-6），遮蔽物符号（图2-5）变成了用双线表示的墙体的边界（图2-6），中心点符号（图2-5）变成了小喷泉（图2-6）。

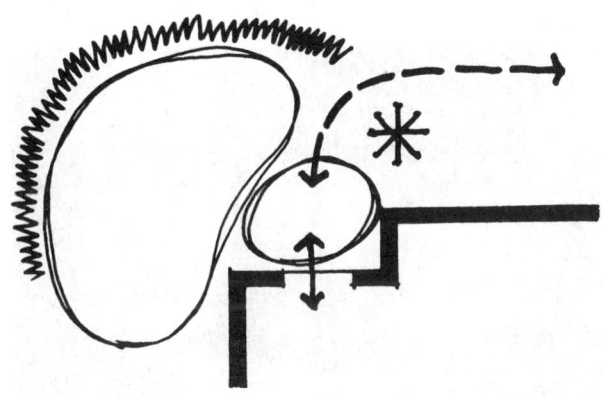

图2-5

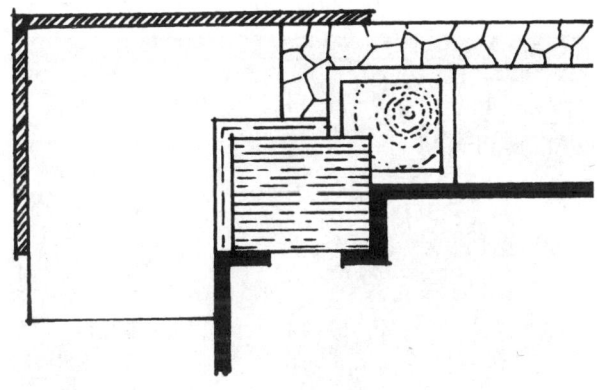

图2-6

这种90°模式最易于中轴对称搭配，它经常被用在要表现正统思想的基础性设计。矩形的形式尽管简单，它也能设计出一些不寻常的有趣空间，特别是把垂直因素引入其中，把二维空间变为三维空间以后。由台阶和墙体处理成的下陷和抬高的水平空间的变化，丰富了空间特性。以下是矩形方案的实例（图2-7～图2-15），它显示了是如何利用这一简单的图形组织成墙体、顶棚甚至固定设施的。

图2-7

图 2-8

图 2-9

图 2-10

图 2-11

图 2-12

图 2-13

图 2-14

图 2-15

135°/八边形主题

多角的主题更加地富有动态,不像 90°/矩形主题那么规则。它们能给空间带来更多的动感。135°/八边形主题也能用准备好的网格线完成概念到形式的跨越。把两个矩形的网格线以 45° 相交就能得到基本的模式。为比较两种方法的差异,这里还用上次的概念性设计方案图,不同的是用135°/八边形主题的网格作底图(图 2-16)。

重新画线使之代表物体或材料的边界和标高变化的过程很简单。因为下面的网格线仅是一个参照模板,故没必要很精确地描绘上面的线条,但重视其模块并注意对应线条之间的平行还是很重要的。当改变方向时,主要的角度应该是 135°(有一些90° 是可以的,但是要避免 45° 角)。图 2-17 和图 2-18中,是一些利用 135° 主题设计的统一而有趣的设计建议。

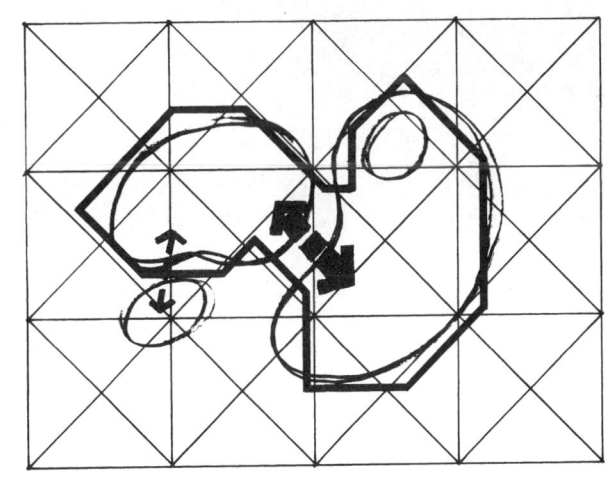

图 2-16

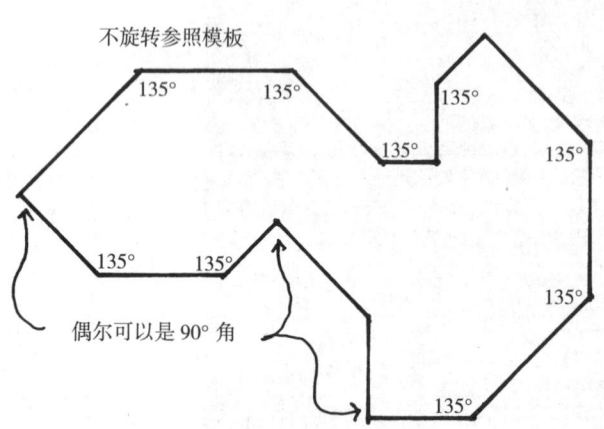

不旋转参照模板

135° 135° 135°

135° 135°

135° 135°

偶尔可以是90°角

135°

135°

图 2-17 好的组织形式——应争取这样设计

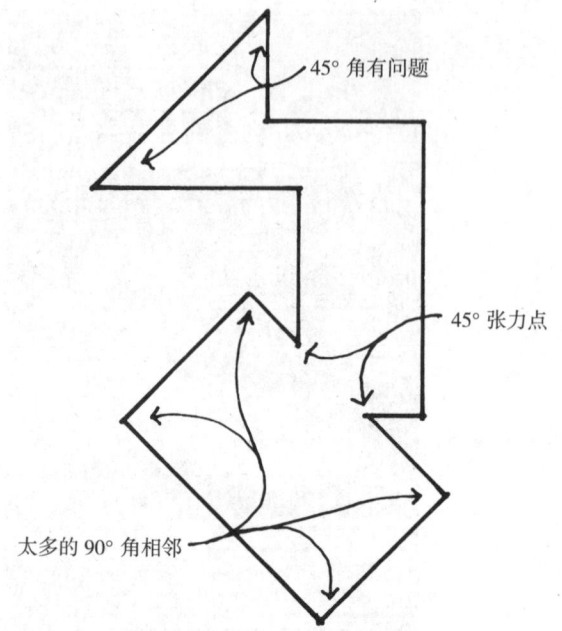

45° 角有问题

45° 张力点

太多的90° 角相邻

图 2-18 差的组织形式——应避免这样设计

在大多数情况下，锐角会引起一些问题。这些点产生张力，狭窄的垂直边感觉上像刀一样让人不舒服，小的尖角难于维护，狭窄的角常常产生结构的损坏。图 2-19 中可以看到一小片尖角的草坪，既没有用处，又难于维护。图 2-20 中可见锐角墙损坏的情况。

图 2-19

图 2-20

下面（图 2-21~ 图 2-26）列举了由 135°/八角形主题而产生的一些空间效果。

图 2-21

图 2-22

图 2-23

图 2-24

图 2-25

图 2-26

120°/六边形主题

作为参照图案，这个主题可以看作是以 60°
等边三角形或者是六边形组成的网格，如图 2-27
（也可参考附录中的图 A-3 和图 A-4）。它们都采用
了类似的方法。

图 2-27

像图 2-28 那样，把网格覆盖在方案平面图上，
一个六边形的景观元素设计可以被描画出来（图
2-29）。当采用 135° 图案的时候，没有必要把材料
的边缘按照网格线来描画，但是却必须始终和网格
线平行。

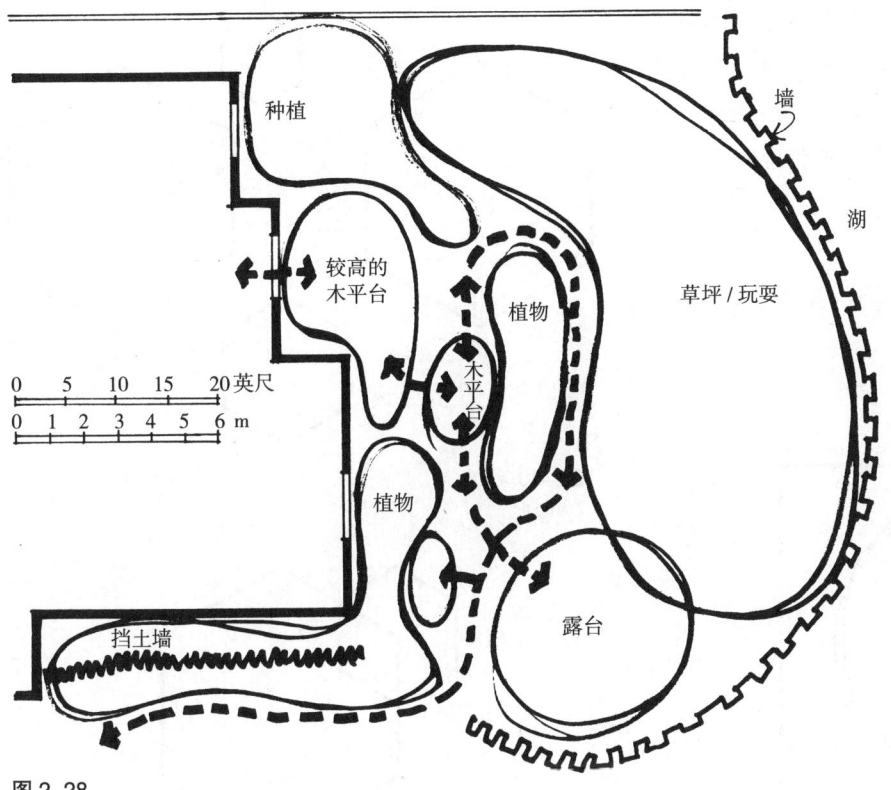

种植

较高的
木平台

植物

木平台

植物

挡土墙

墙

湖

草坪 / 玩耍

露台

0 5 10 15 20英尺
0 1 2 3 4 5 6 m

图 2-28

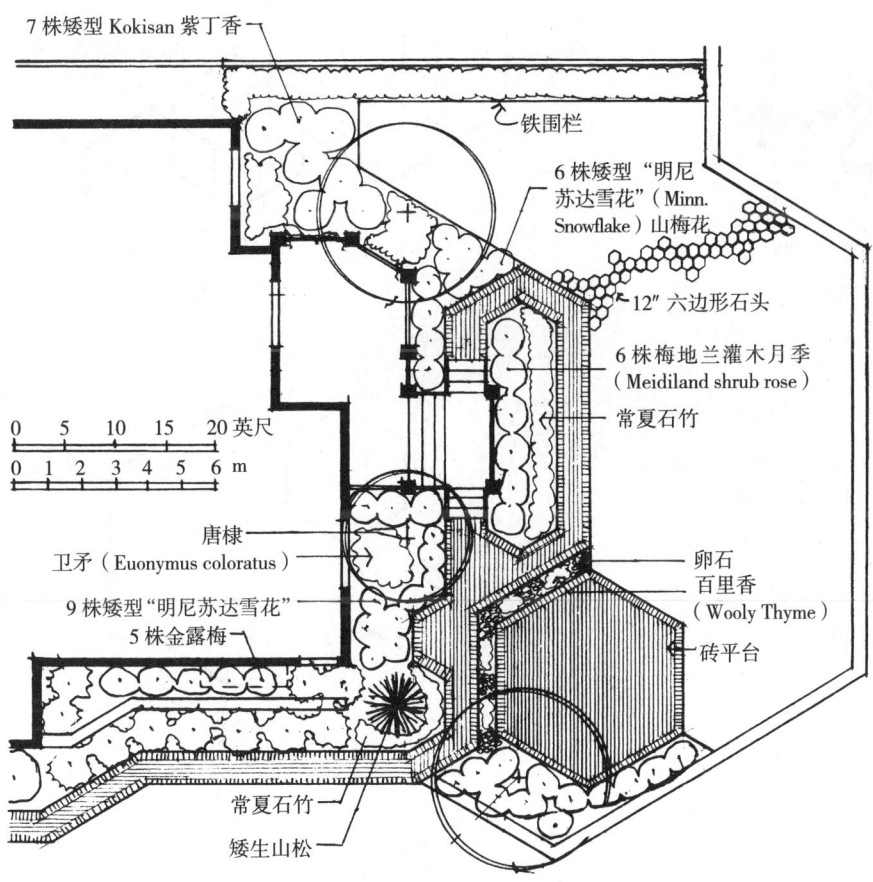

7株矮型 Kokisan 紫丁香

铁围栏

6株矮型 "明尼
苏达雪花"（Minn.
Snowflake）山梅花

12″ 六边形石头

6株梅地兰灌木月季
（Meidiland shrub rose）

常夏石竹

0 5 10 15 20英尺
0 1 2 3 4 5 6 m

唐棣
卫矛（Euonymus coloratus）
9株矮型 "明尼苏达雪花"
5株金露梅

卵石
百里香
（Wooly Thyme）
砖平台

常夏石竹
矮生山松

图 2-29

根据概念性方案图的需要，可以按相同尺度或不同尺度对六边形进行复制（图 2-30）。当然，如果需要的话，也可以把六边形放在一起，使它们相接、相交或彼此镶嵌。为保证统一性，尽量避免排列时旋转。

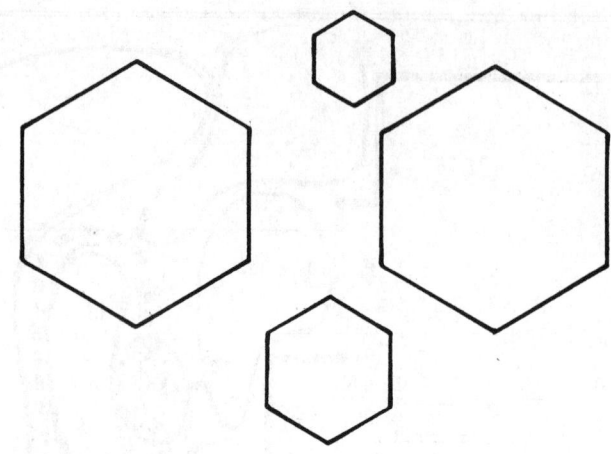

图 2-31 和 图 2-32 中是不同位置和空间布置的概念平面。

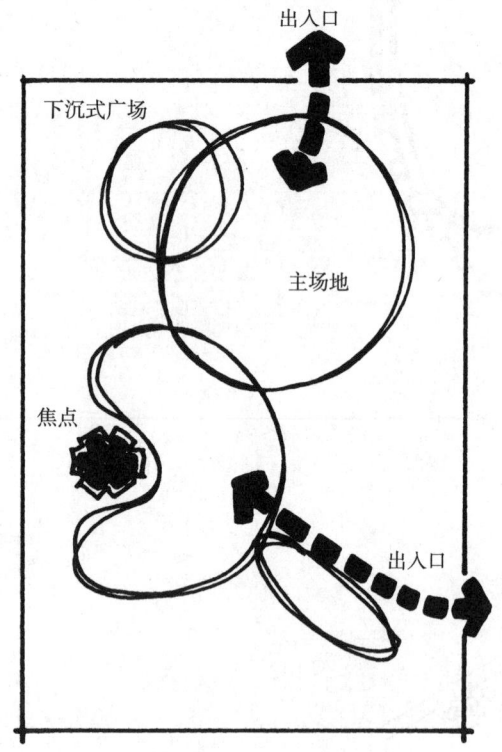

图 2-31

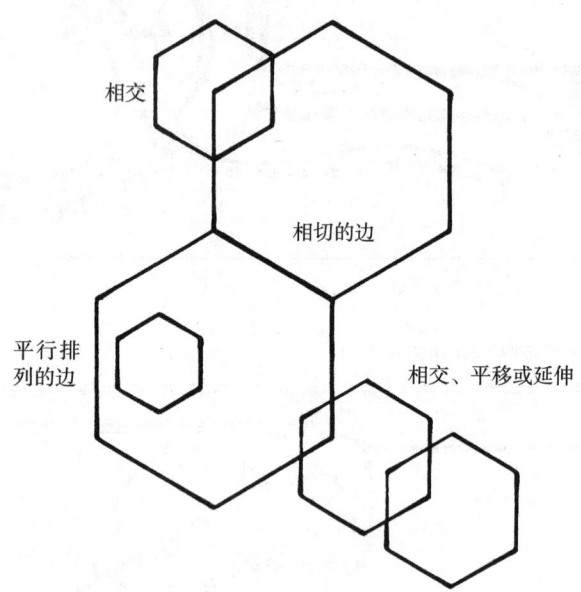

图 2-32

欲使空间表现更加清晰，可用擦掉某些线条、勾画轮廓线、连接某些线条等方法简化内部线条。例如，按照图 2-33 和图 2-34 方法简化空间。但要注意这时的线条已表示实体的边界。避免使用 30° 和 60° 的锐角。其原因同 45° 锐角的道理一样，它们都是不适合、难操作或危险的角度。

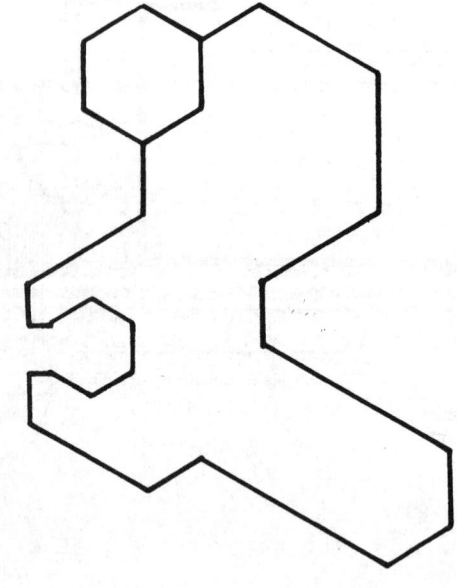

图 2-33

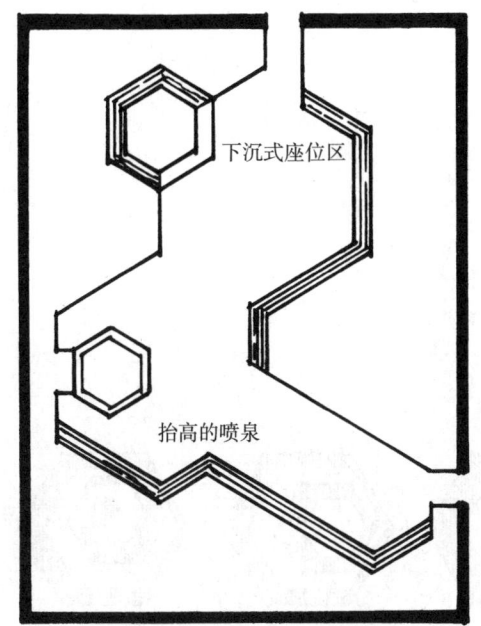

图 2-34

下沉式座位区

抬高的喷泉

图 2-35

根据设计需要，可以采取提升或降低水平面、突出垂直元素或发展上部空间的方法来开发三维空间。也可以通过增加娱乐和休闲设施的方法给空间赋予人情味（图 2-35）。

图 2-36 和图 2-37 是利用 120° 主题进行统一有趣设计的例子。

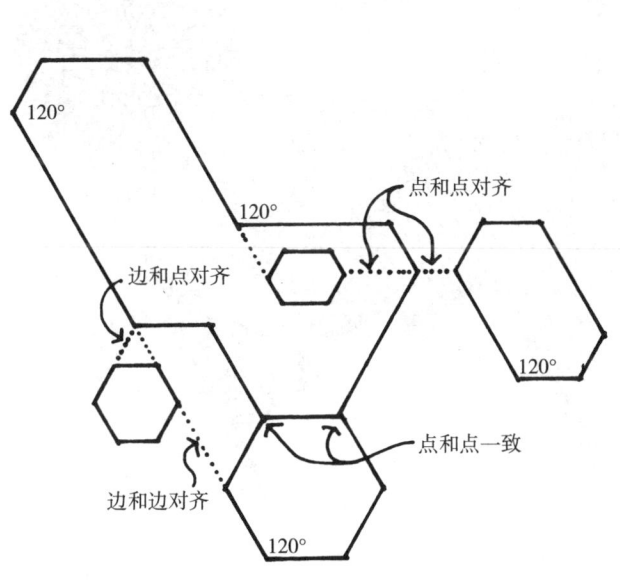

120°

120°

边和点对齐

点和点对齐

点和点一致

边和边对齐

120°

120°

图 2-36 好的组织形式——应争取这样设计

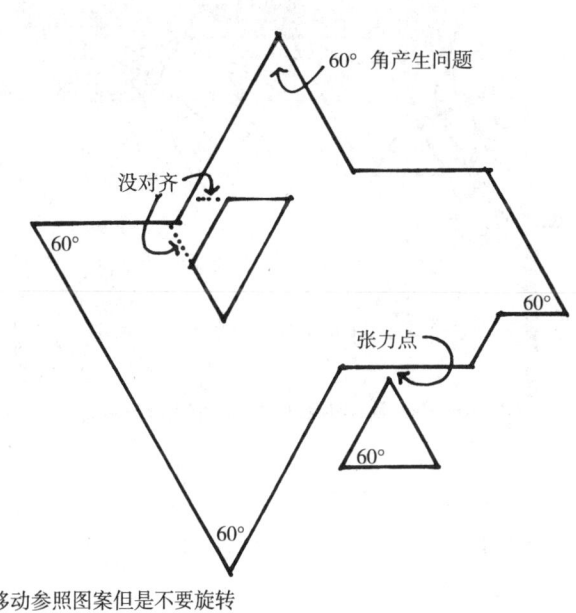

60° 角产生问题

没对齐

60°

60°

张力点

60°

60°

移动参照图案但是不要旋转

图 2-37 差的组织形式——应避免这样设计

用六边形也可以绘出很多其他的形状,如图2-38和图2-39所示。

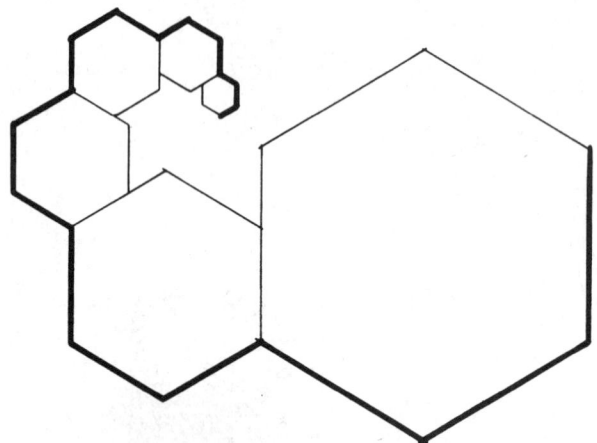

图 2-38 旋转排列

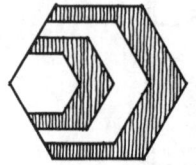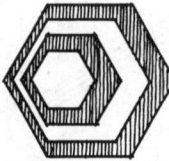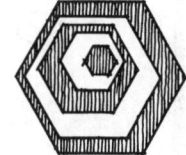

图 2-39 无共同圆心的排列

下面的图片(图2-40 ~ 图2-43)给出了各种利用120°/六边形主题来组织空间的有趣案例。需要注意观察在图2-40中建筑物的30°弯曲是如何与景观的六边形构图主题相配合,在图2-41中如何由于现有的网球场和会所的60°角关系而选择120°/六边形构图主题的。

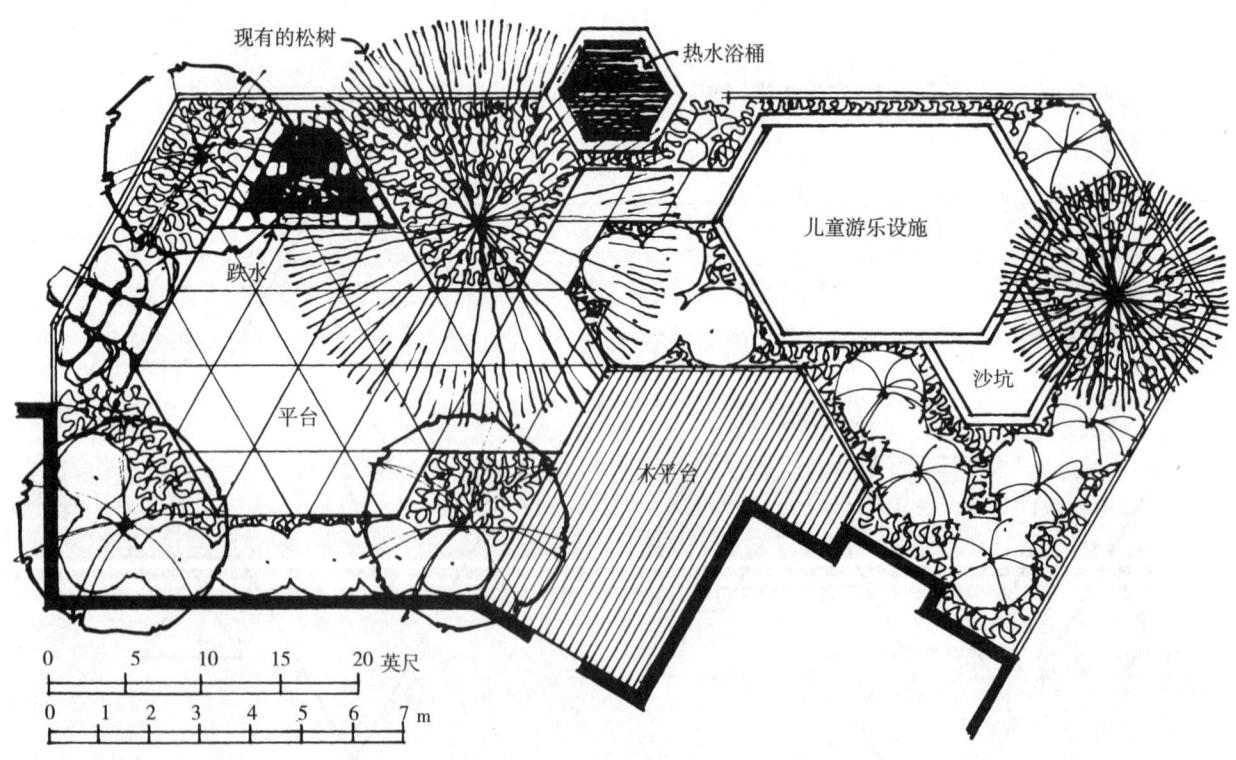

现有的松树   热水浴桶
儿童游乐设施
跌水
沙坑
平台
木平台

0   5   10   15   20 英尺
0 1 2 3 4 5 6 7 m

图 2-40 住宅后院设计

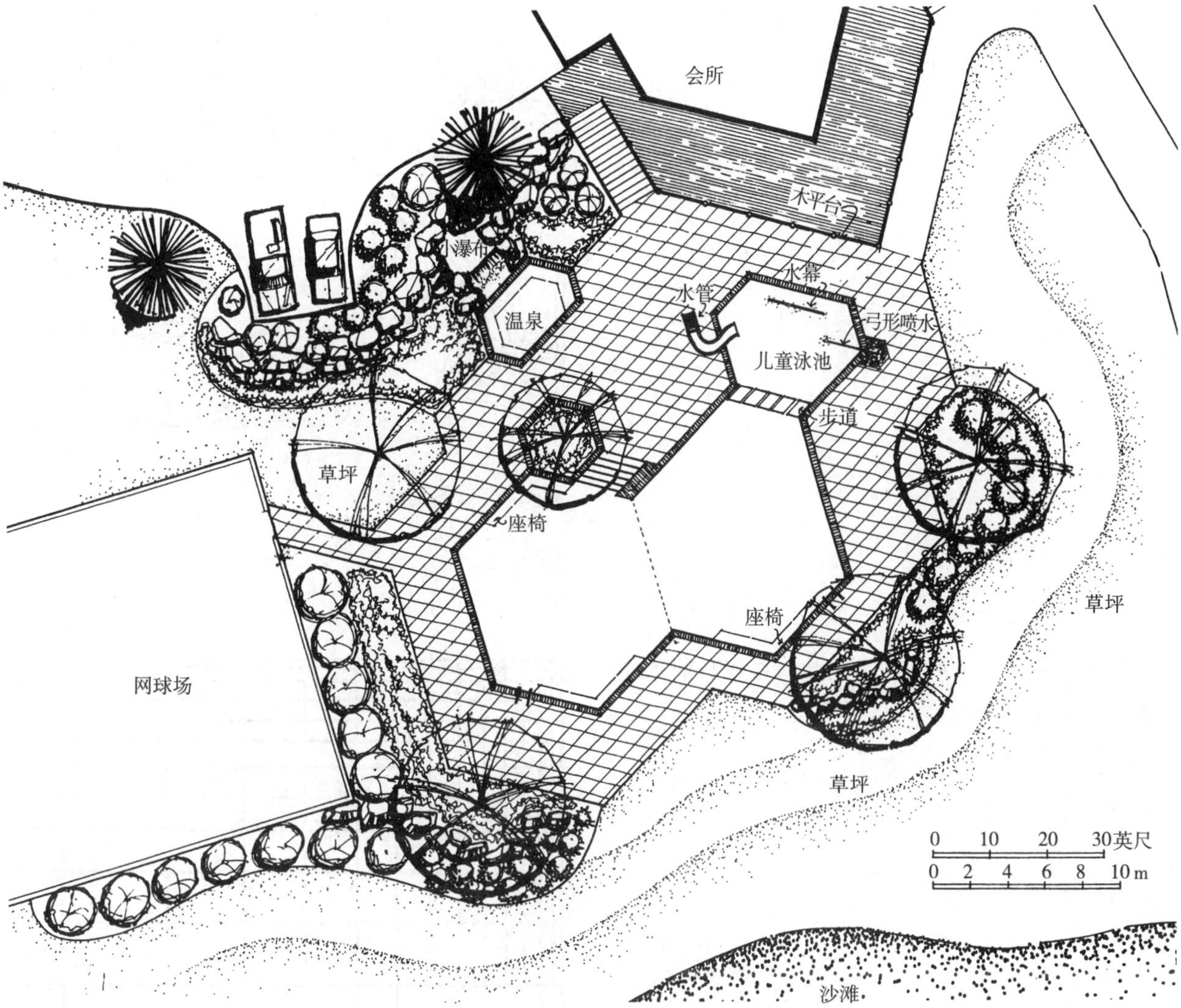

图中标注文字：

会所

木平台

小瀑布

水幕

水管

弓形喷水

温泉

儿童泳池

步道

草坪

座椅

草坪

网球场

座椅

草坪

沙滩

0　10　20　30英尺
0　2　4　6　8　10 m

图 2-41　乡村俱乐部水娱乐区

图 2-42　匈牙利布达佩斯

图 2-43　洛杉矶写字楼建筑

几何形状的发展　29

在结束直线形模式之前，让我们尝试用变形的网格线来绘制复杂图形的可能性（图2-44）。

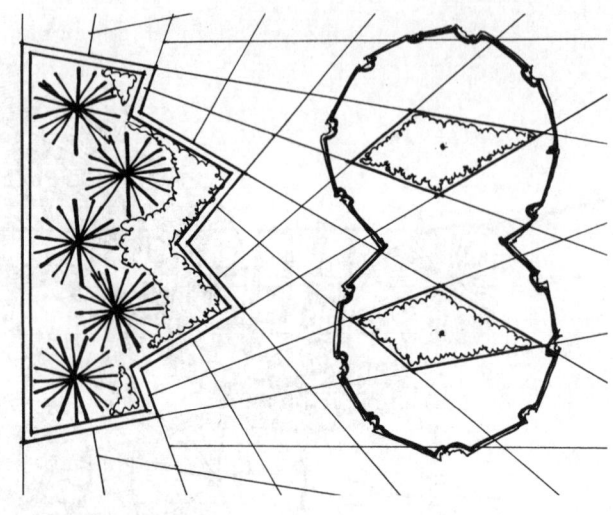

图2-44　射线网格

当用它进行规划时，可创造出一些极具前景的有趣方案（图2-45）。

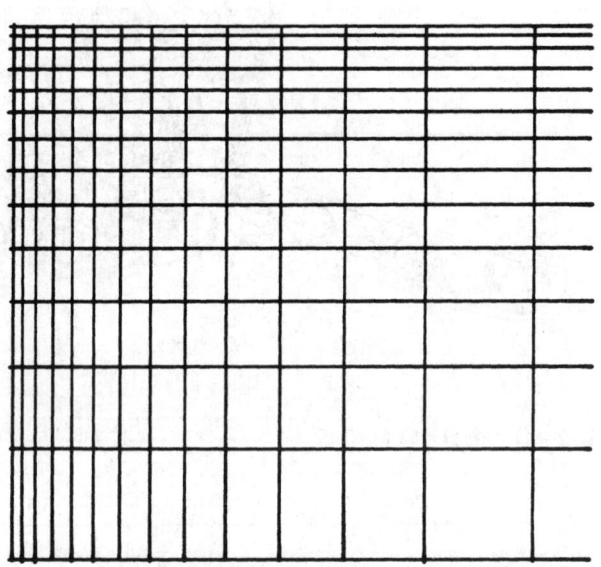

图2-45　压缩的矩形网格

多圆组合

圆的魅力在于它的简洁性、统一感和整体感。它也象征着运动和静止双重特性（图2-46）。单个圆形设计出的空间能突出简洁性和力量感，多个圆在一起所达到的效果就不止这些了。

多圆组合的基本的模式是不同尺度的圆相套或相交。

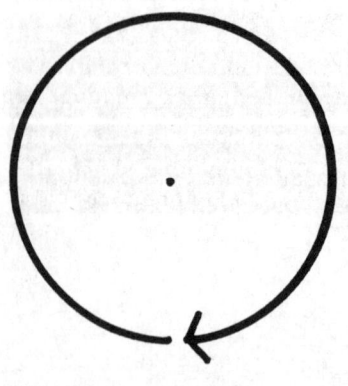

图2-46

从一个基本的圆开始，复制、扩大、缩小（图2-47）。

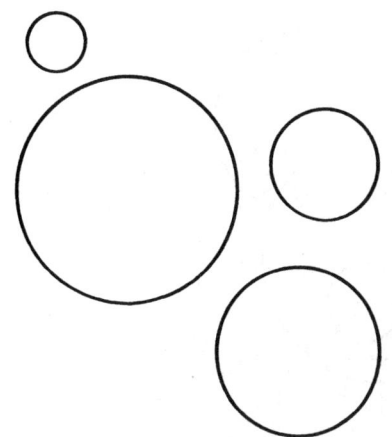

图2-47

圆的尺寸和数量由概念性方案（图2-48）所决定，必要时还可以把它们嵌套在一起代表不同的物体。

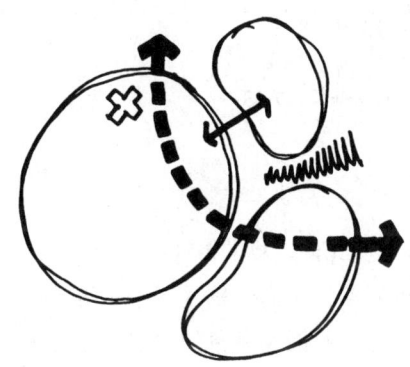

图2-48

当几个圆相交时，把它们相交的弧调整到接近90°，可以从视觉上突出它们之间的交叠（图2-49）。

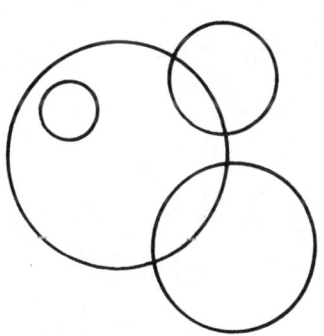

图2-49

用擦掉某些线条、勾画轮廓线、连接圆和非圆之间的连线等方法简化内部线条（图2-50）。连接如人行道或过廊这类直线时应该使它们的轴线与圆心对齐。

避免两圆小范围的相交，这将产生一些锐角。也要避免画相切圆，除非几个圆的边线要形成"S"形空间。在连接点处反转也会形成一些尖角。图2-51和图2-52中表达了这些概念。

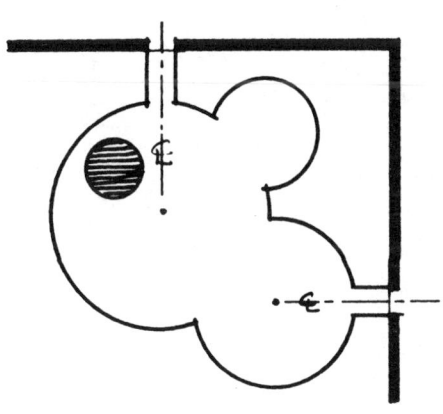

图2-50

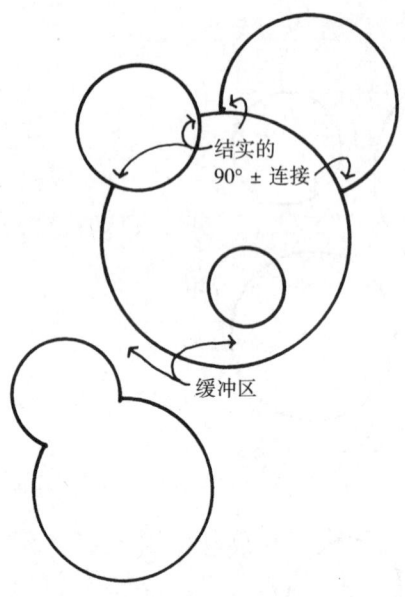

图 2-51　好的组织方式——努力方向

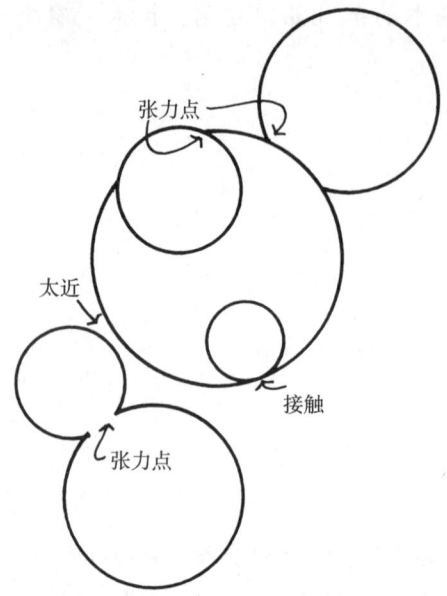

图 2-52　坏的组织方式——应该避免

　　如图所示，在某宾馆内广场的俯视图（图 2-53）中有四个圆形景观元素，它们分别是一个水池、一块抬高的平台、一座顶部铺满茅草的伞状小亭、一个周围挖有水沟的棚架。这四个分离的元素通过人行道连接成一个整体。

图 2-53

　　围绕池塘的块石路面被艺术性地抬升而形成小桥（图 2-54）。

图 2-54

在这些图中最协调的空间形体是圆柱和球体（图2-55～图2-58）。

图 2-55

图 2-56

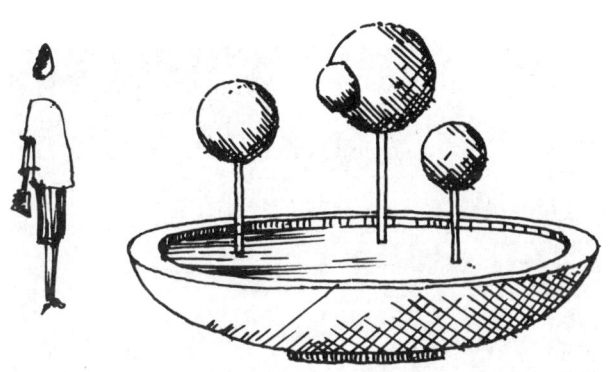

图 2-57

图 2-58

下面显示了一些用圆的一部分来丰富整个构图的实例（图 2-59～图 2-66）。图中也示出了标高改变、台阶、墙体及其他三维空间的表现方法。

图 2-59

图 2-60

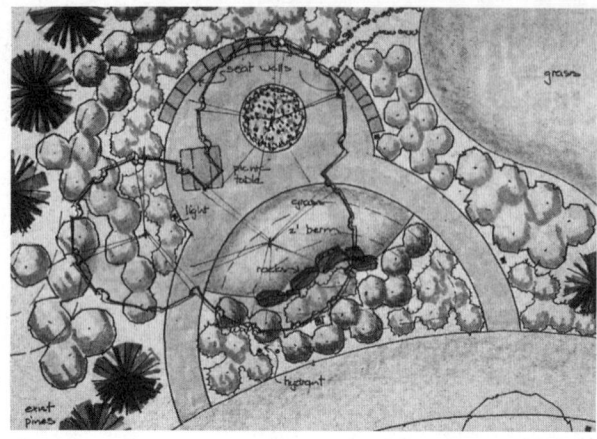

图 2-61

图 2-62

图 2-63

图 2-64

图 2-65

图 2-66

改变非同心圆圆心的排列方式将会带来一些变化（图 2-67 ~ 图 2-69）。

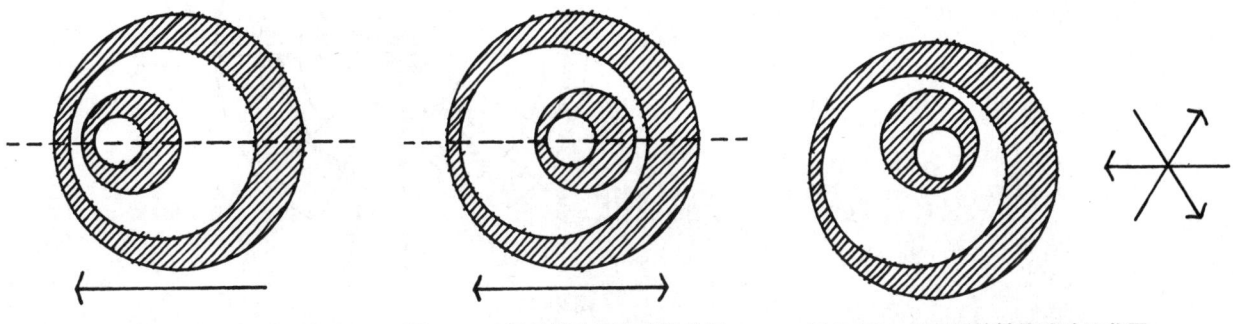

图 2-67　单方向沿轴线移动这些圆　　图 2-68　沿轴线来回移动这些圆　　图 2-69　沿不同的轴线移动这些圆

同心圆和半径

如前所述，开始于概念性方案图（图 2-70）。

准备一个"蜘蛛网"样的网格，用同心圆把半径连接在一起（图 2-71，也见第 166 页的附录图 A-5）。

把网格铺于概念性平面图之下（图 2-72）。

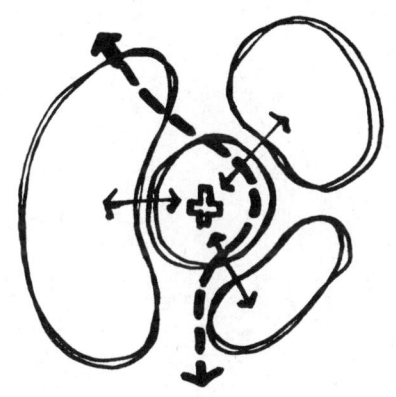

图 2-70

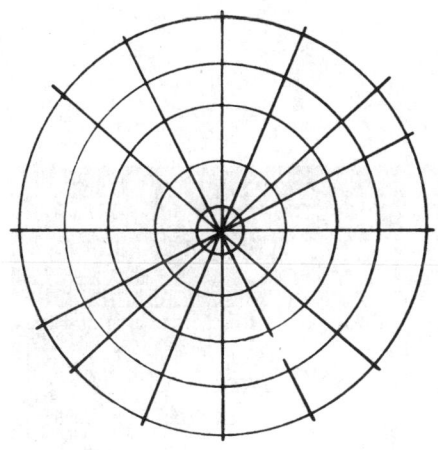

图 2-71

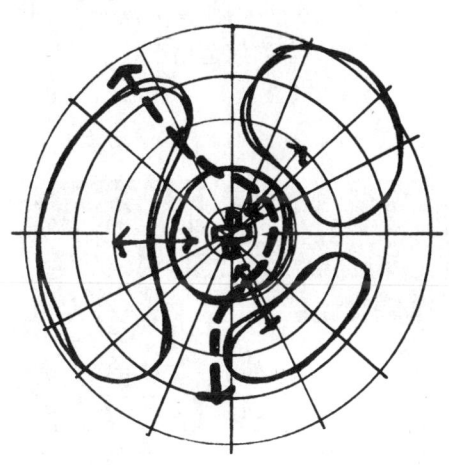

图 2-72

然后根据概念性平面图中所示的尺寸和位置，遵循网格线的特征，绘制实际物体平面图。你所绘制的线条可能不能同下面的网格线完全吻合，但它们必须是这一圆心发出的射线或弧线（图 2-73）。

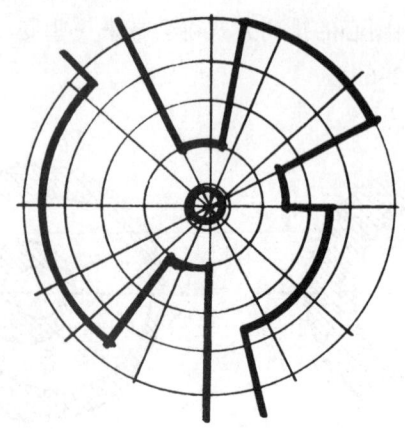

图 2-73

擦去某些线条以简化构图。与周围的元素形成 90° 角度的连线（图 2-74）。

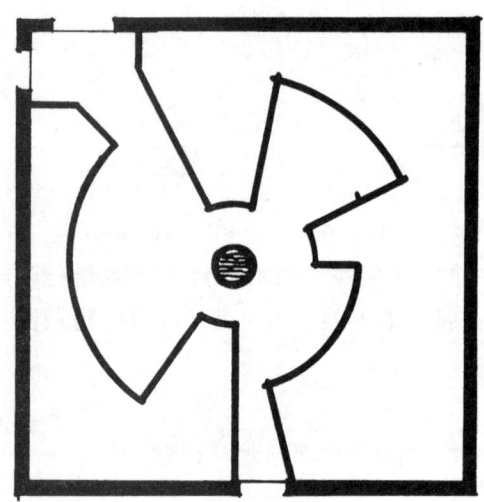

图 2-74

以下列举了用半径和同心圆设计的实例（图 2-75 ~ 图 2-78）。注意圆心如何适用于其他设计元素的。

图 2-75

图 2-76

图 2-77

图 2-78

圆弧和切线

以下是以圆弧和切线为主旋律绘制出的图形。

直线同圆相接且与半径成 90° 夹角就形成切线（图 2-79 和图 2-80）。

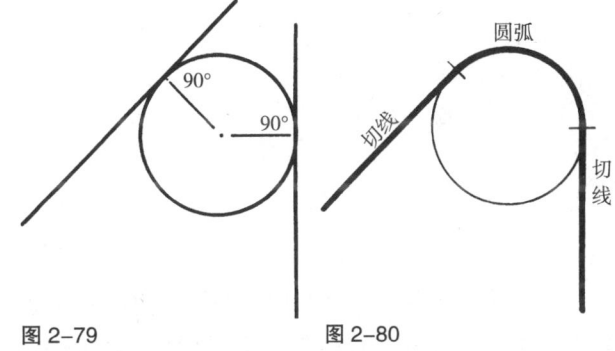

图 2-79   图 2-80

从用盒状外框封闭概念性方案开始（图 2-81）。

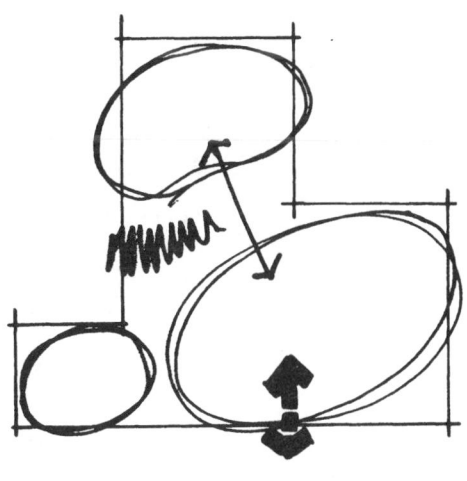

图 2-81

在拐角处绘制不同尺寸的圆，使每个圆的边和直线相切（图2-82）。

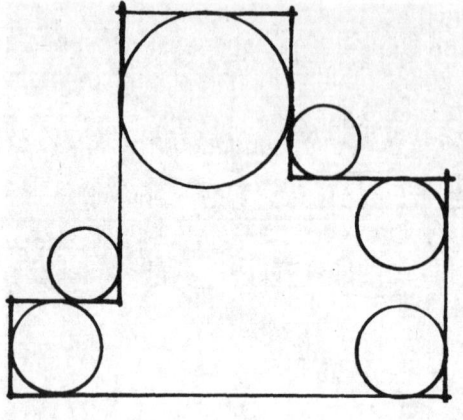

图 2-82

描绘相关的边形成由圆弧和切线组成的图形（图2-83）。

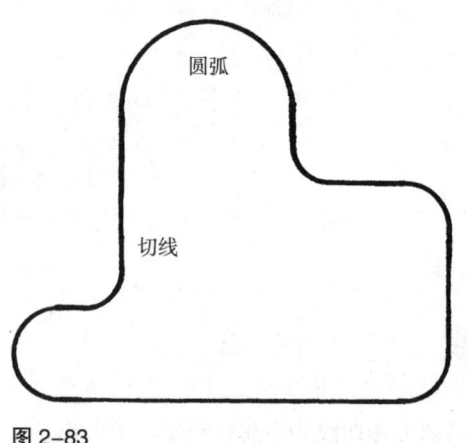

圆弧

切线

图 2-83

增加简单的连线使之与周围环境相融合。增加一些材料和设施细化设计图，进一步满足雇主的需要（图2-84）。

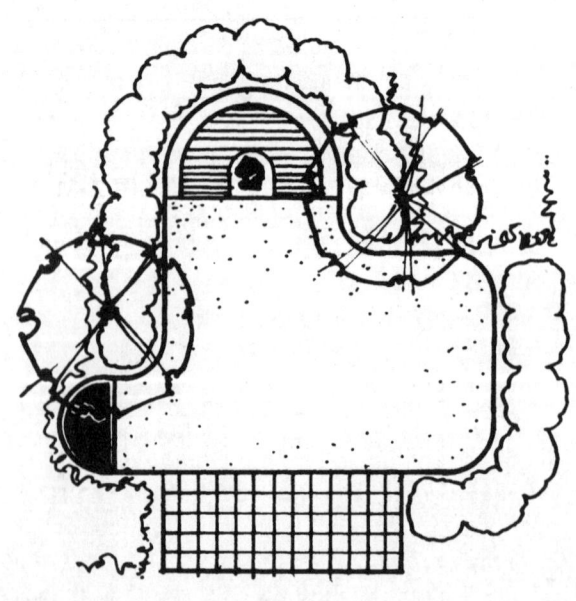

图 2-84

如果你觉得这种盒子样式的图形过于呆板，你可以在细化图形之前采取另一步骤。

前面绘出的圆可以沿着不同的方向推动，然后把对应的切线画出使之看似一些围绕轮子的传送带（图 2-85 和图 2-86）。

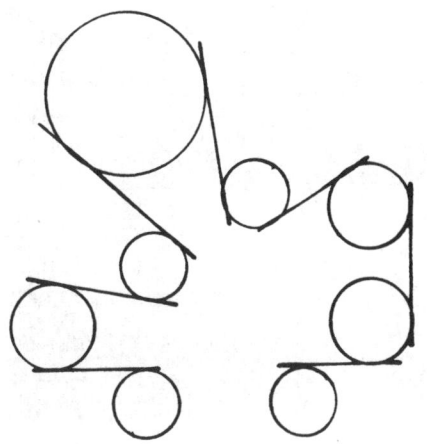

图 2-85

最后形成下例中所示的较松散的流线形式（图 2-87 ~ 图 2-91），但其中也隐含有规则式的成分。

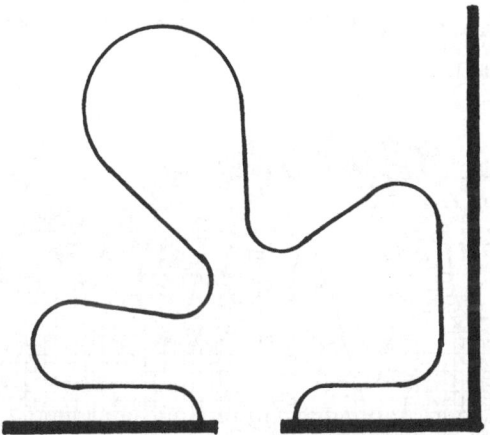

图 2-86

图 2-87

图 2-88

图 2-89

图 2-90

图 2-91

　　图 2-92 ~ 图 2-94 所示为以圆弧和切线为主题设计的庭院的平面图（图 2-92）和实景图片（图 2-93和图 2-94）。

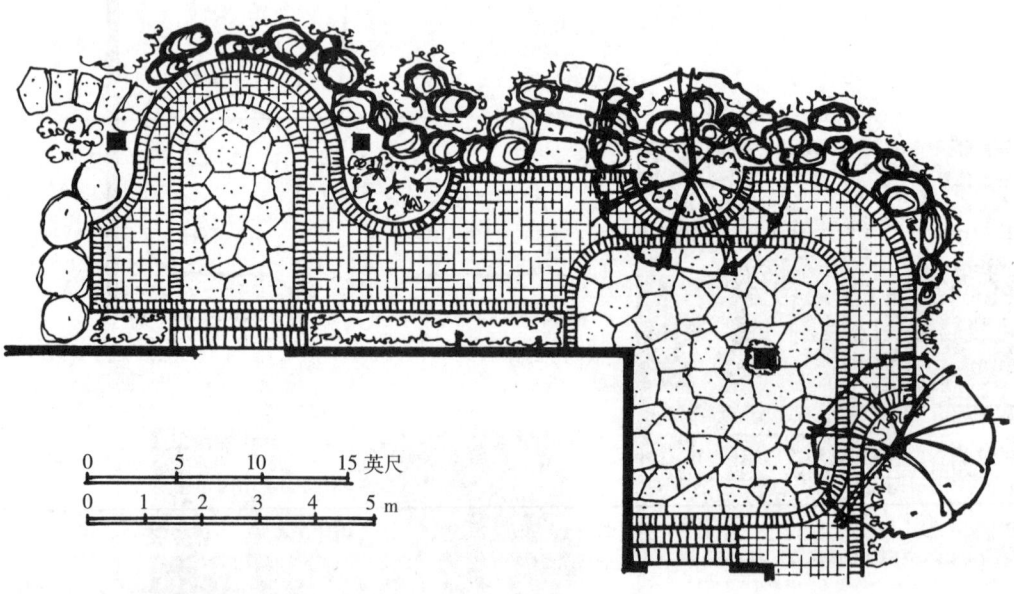

图 2-92　圆弧和切线为主题的庭院平面图

图 2-93　圆弧和切线为主题的庭院右侧景观

图 2-94　圆弧和切线为主题的庭院从左向右看去的景观

弓形

圆在这里被分割成半圆、1/4 圆、馅饼形状的一部分，并且可沿着水平轴和垂直轴移动而构成新的图形（图 2-95）。

从一个基本的圆形开始，把它分割、分离（见附录）。

图 2-95

再把它们复制、扩大或缩小（图 2-96）。

图 2-96

根据概念性方案（图 2-97）决定所分割图形的数量、尺寸和位置。

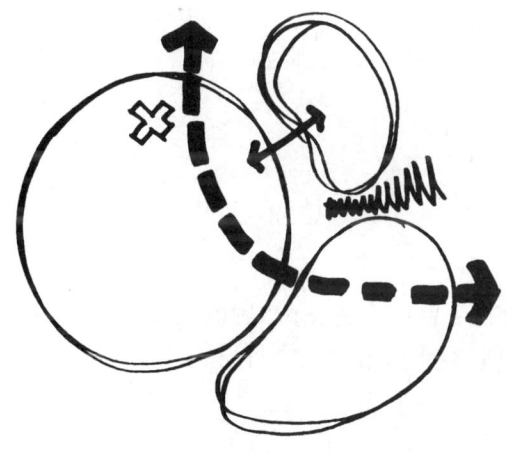

图 2-97

沿同一边滑动这些图形，合并一些平行的边，使这些图形得以重组（图 2-98）。

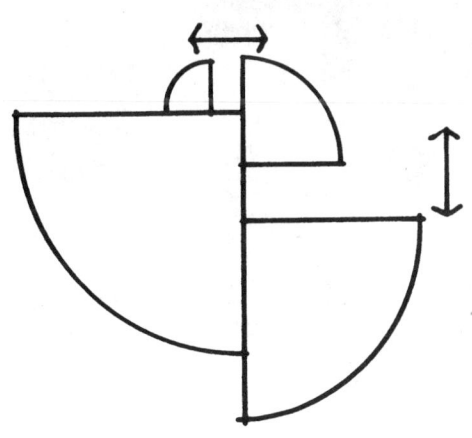

图 2-98

绘制轮廓线，擦去不必要的线条，以简化构图。增加连接点或出入口绘出图形大样（图2-99）。

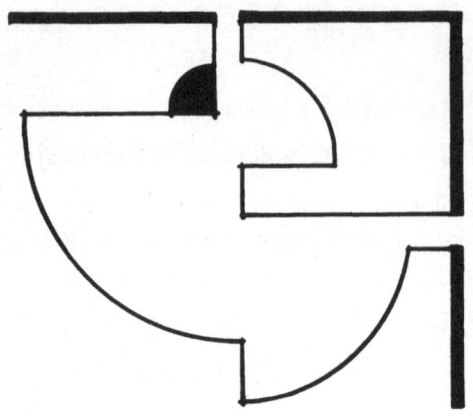

图 2-99

通过标高变化和添加合适的材料来改进和修饰图纸（图2-100）。

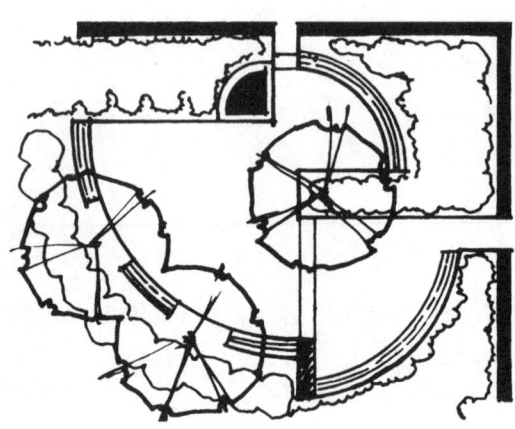

图 2-100

下面的一些例子显示了以圆的一部分为主旋律的设计效果（图2-101～图2-104）。

图 2-101　某花园设计方案

图 2-102　加利福尼亚州圣迭戈的城市广场

图 2-103　加利福尼亚州德尔马市的喷泉

图 2-104　葡萄牙格尼姆布里加的罗马庭院

椭圆

在"多圆组合"一节中所阐述的原则在椭圆或卵圆中同样适用。椭圆能单独应用，也可以多个组合在一起，或同圆组合在一起（图 2-105 和图 2-106）。

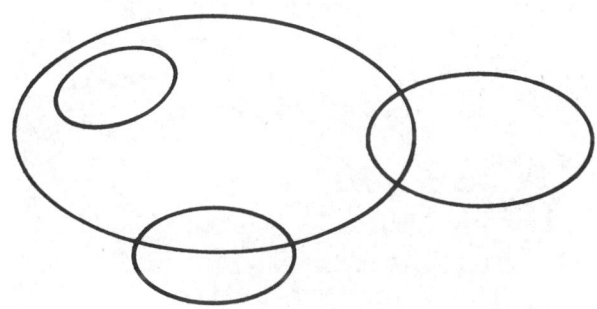

图 2-105

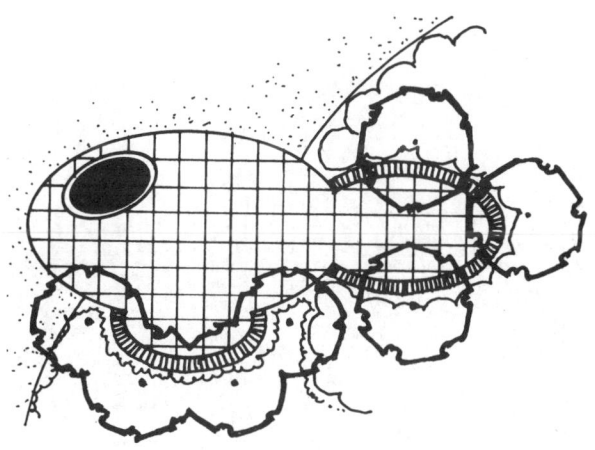

图 2-106

椭圆从数学概念上讲是由一个平面与圆锥或圆柱相切而得（图2-107），相切的角度是不能平行于主要的水平轴或垂直轴的斜切。

椭圆可看成被压扁的圆。绘制椭圆最简单的方法是使用椭圆模板，但用模板绘制的椭圆可能不是太扁就是太圆，难以满足你的需要。后面的附录里向你演示了如何绘制称心如意的椭圆。

正如下面的例子所示，椭圆同圆相比尽管增加了动感，但仍有严谨的数学排列形式（图2-108 ~ 图2-111）。

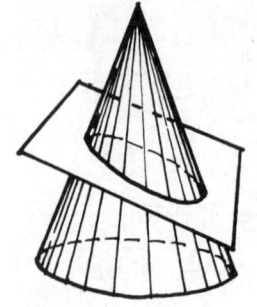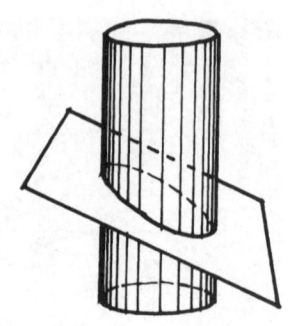

图2-107

图2-108

图2-109

图2-110

图2-111

螺旋线

如果需要精确的对数式螺线，可以从黄金分割矩形中按数学方法绘制（见附录）。

在这个大矩形中，撇开以短边为边长的正方形，剩下的矩形还是一个黄金分割矩形，它的长边等于大矩形的短边。照此方法细分下去，最后再按图2-112在每一个正方形中画弧，就得到了一条螺旋线（Critchlow，1970）。

尽管用数学方法绘出的螺旋线有令人羡慕的精确性，但园林设计中广泛应用的还是徒手画的螺旋线，即自由螺线。在第三章将讨论自由螺线。

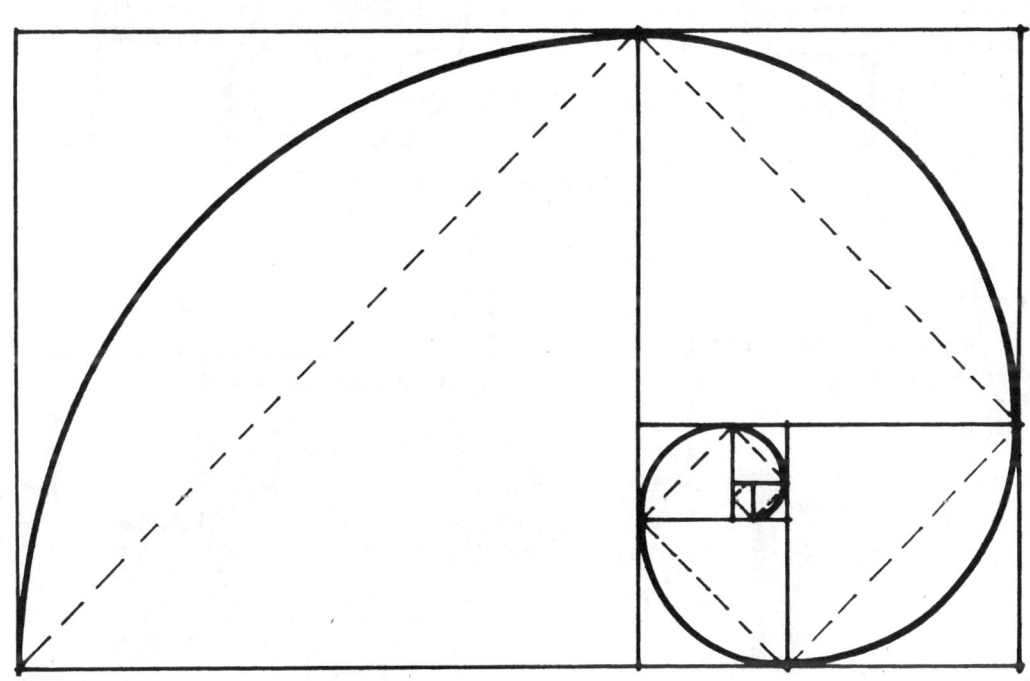

图 2-112

为归纳几何形体在设计中的应用，把一个社区广场的概念性规划图（图 2-113）用不同图形的模式进行设计。每一方案中都有相同的元素：临水的平台、设座位的主广场、小桥和必要的出入口。例中（图 2-114～图 2-120）显示了用这些相当规则的几何形体为模式所产生的不同空间效果。

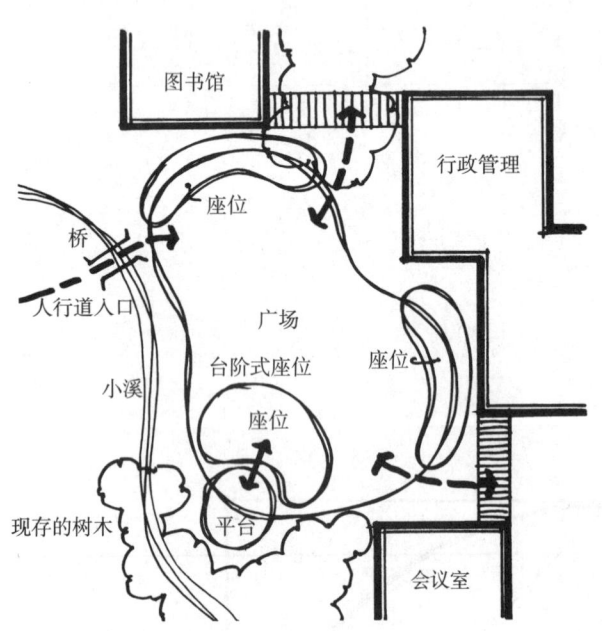

图 2-113　概念性方案

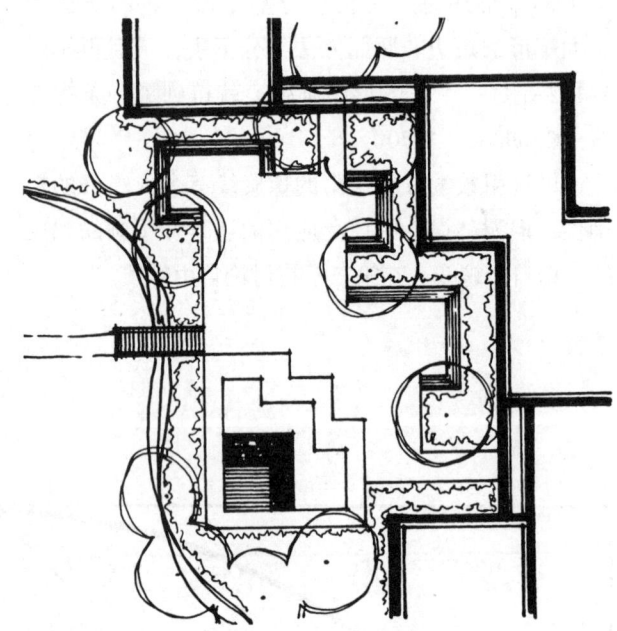

图 2-114　90°／矩形主题

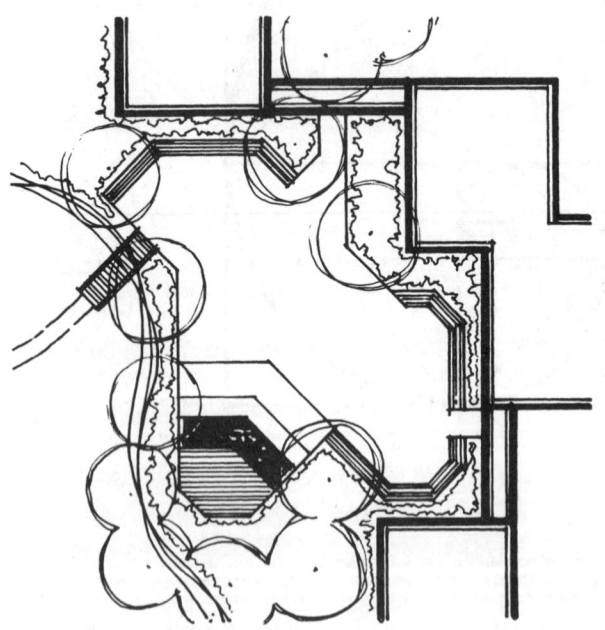

图 2-115　135°／八角形主题

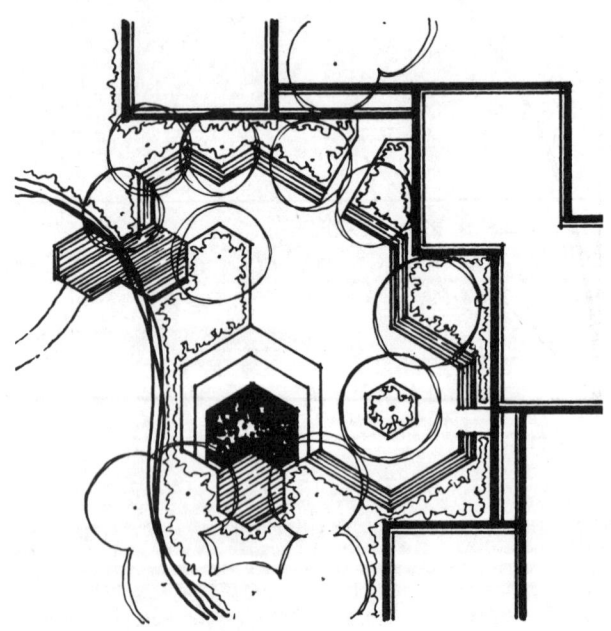

图 2-116　120°／六边形主题

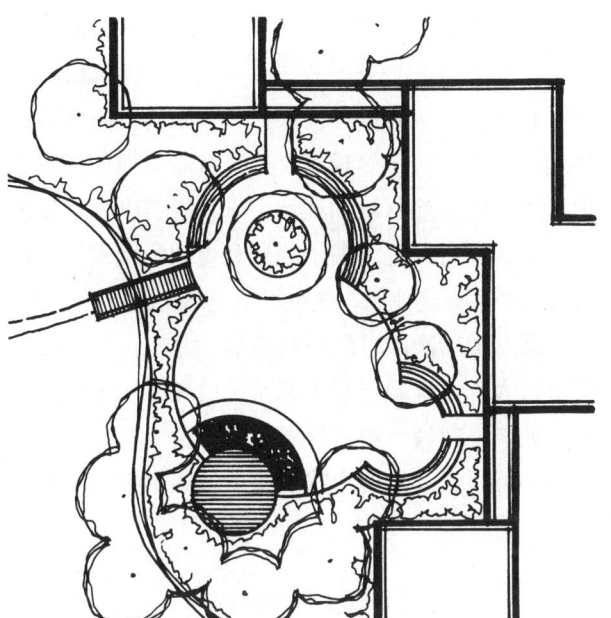

图 2-117　多圆组合主题

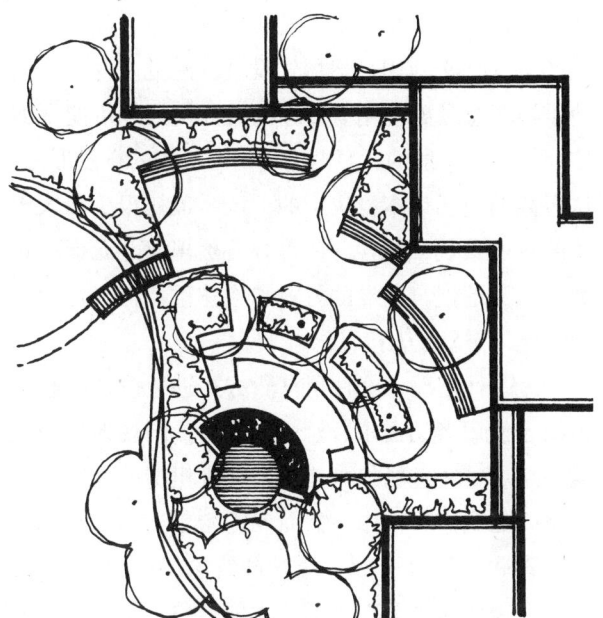

图 2-118　圆和半径主题

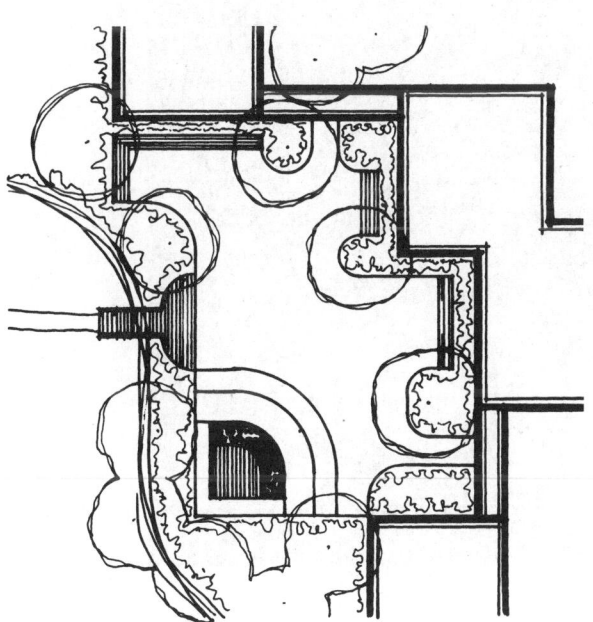

图 2-119　圆弧和切线主题

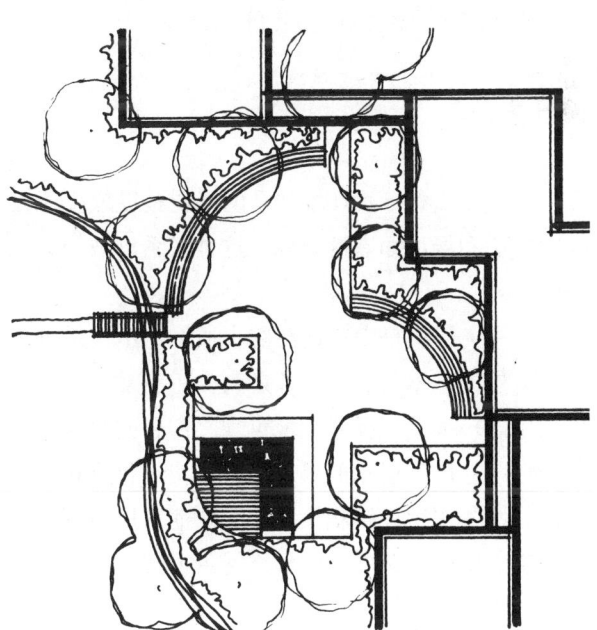

图 2-120　弓形主题

在一个项目处于研究阶段时，当收集到关于场地和使用者的信息后，可能会在进一步的设计中明显产生一种必须用自然形式设计的感觉。许多理由使设计者感觉到应用有规律的纯几何形体可能不如使用那些较松散的、更贴近生物有机体的自然形体。这可能是由场地本身决定的。展示最初很少被人干预的自然景观或包含一些符合自然规律之元素的景观与人为地把自然界的材料和形体重新再组合的景观相比，更易被人接受。

另一种情况，这种用自然方式进行设计的倾向根植于使用者的需求、愿望或渴望，同场地本身没有关系。事实上场地可能位于充满粗糙的人造元素的坚硬的城市环境中，然而雇主希望看到一些松弛的、柔软的、自由的、贴近自然的新东西。同时，开发商需要树立具有环保意识的形象，他们要向公众展示他们的产品会唤起生态意识或他们的服务将利于保护自然资源。这样，设计者的理念基础和方案就最终同自然联系在一起。

设计方法

建筑环境和自然环境联系的强弱程度取决于设计的方法和场地固有的条件。这种联系可被分为三个层次。

第一个层次是生态设计的本质，它不仅是重新认识自然的基本过程，而且是人类行为最小程度地影响生态环境甚至促进生境再生之需要的要求。例如，把一片已经退化的湿地生态系统进行重建，或者建一些与当地环境相协调、能保证当地的自然过程完整无缺的建筑。这些形式展示了同自然之间的真正协调。

第二个层次尽管对整体生态系统不完全有利，但却能创造出一种自然的感觉。用人为的控制物如水泵、循环水和使植物保持正常生长的灌溉系统，或者是防止土壤被侵蚀的水管和排水沟，能在城市环境中创造一些自然景观。设计时需要强调的重点仍是用一些自然材料如植物、水、岩石以自然界的存在方式进行布置。瑞士的景观规划师用术语"接近自然"来描述他们在城市里重建溪流的过程。

第三个层次同自然的联系最不紧密。设计的空间里很大程度地缺乏对生态系统的考虑，主要由水泥、玻璃、砖块、木料等人造材料组成。在这一人造的环境里，设计的形状和布置方式也必须映射出自然界的规律。

图 3-1

在自然式图形的王国存在一个含有丰富形式的调色板。这些形式可能是对自然界的模仿、抽象或类比。

模仿是指对自然界的形体不做大的改变，如图中可循环的小溪酷似山涧溪流（图3-1）。

抽象是对自然界的精髓加以抽提，再被设计者重新解释并应用于特定的场地。它的最终形式同原物体比可能会大相径庭。这一平滑的流线形线条看似自然界之物，但却不能看作是蜿蜒的小溪（图3-2）。

图 3-2

类比是来自基本的自然现象，但又超出外形的限制。通常是在两者之间进行功能上的类比。人行道旁明沟排水道的流向是小溪的类比物，但看起来同小溪又完全不同（图3-3）。

图 3-3

在以后几页的例子中将对模仿和抽象进行详细阐述。

蜿蜒的曲线

就像正方形是建筑中最常见的组织形式一样，蜿蜒的曲线或许是景观设计中应用最广泛的自然形式，它在自然王国里随处可见（图3-4）。

图 3-4

来回曲折的平滑河床（图3-5）的边线是蜿蜒曲线的基本形式，它的特征是由一些逐渐改变方向的曲线组成，没有直线。

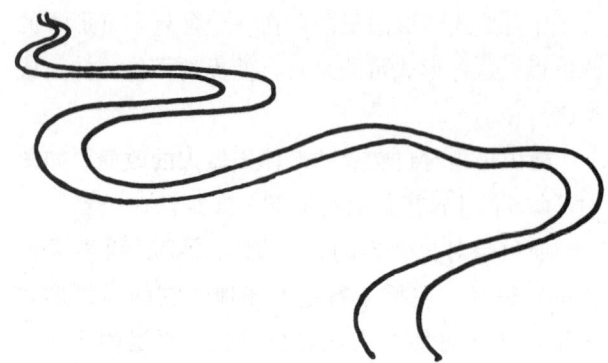

图3-5

从功能上说，这种蜿蜒的形状是设计一些景观元素的理想选择，如某些机动车和人行道适用于这种平滑流动的形式（图3-6~图3-9）。

图3-6

图3-7

图3-8

图3-9

在空间表达中，蜿蜒的曲线常带有某种神秘感。沿视线水平望去，水平布置的蜿蜒曲线似乎时隐时现，并伴有轻微的上下起伏之感。

这是一座桥的模型（图3-10），它是仿蜿蜒的曲流而做，它同常规的桥梁设计原则即保持最短和最直的路线相矛盾。

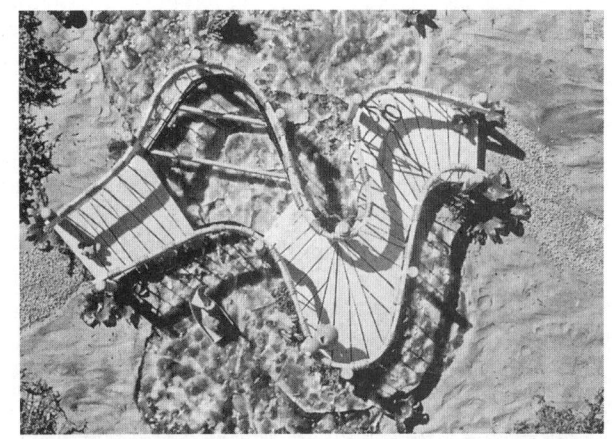

图 3-10

新加坡机场（图3-11）内这一铺满鹅卵石的小径尽管是装饰性的，也能让人产生这种感觉：它在缓缓地移动，最终消失于长满草的土丘之后。

图 3-11

相当有规律的波动或许能表达出蜿蜒的形状，就像这潮汐的入口，来回涨退的海水在泥土中刻出波状的图形（图3-12）。

图 3-12

在这些波浪形的人行道中，设计了类似上述形状但更规律化的图形，如图 3-13 和图 3-14。

图 3-13

图 3-14

蜿蜒曲线的变化存在于这一树干的裂缝中（图 3-15 和图 3-16）。下面列举一些人行道和草地的边缘的实例（图 3-17 ~ 图 3-19），来说明一个设计者如何靠变换曲线的形式，从而在流线中创造有趣的韵律。

图 3-15 自然的裂缝

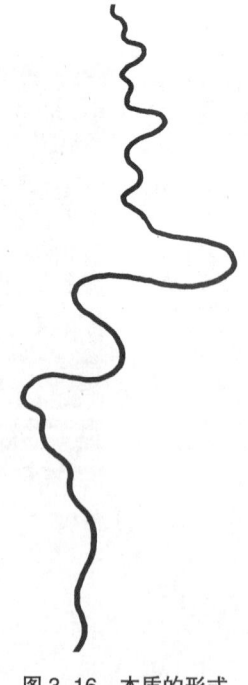

图 3-16 本质的形式

图 3-17 设计中对它的模仿

图 3-19

图 3-18

如果把水平的曲面从地平面抬高将会增强它的
影响力，如图 3-20 ~ 图 3-22 中的绿篱和蜿蜒的坐
凳就是很好的例子。

图 3-20

图 3-21

图 3-22

现在考虑一下垂直平面上的曲面形式，代替那种水平波动的形式，目前它变成了上下的波动形式。下图中墙的上部平面、向上的波状物及地面的土丘都能表达这种垂直波动的形式（图3-23和图3-24）。

图3-25～图3-28中的图片展示了自然图案经过提炼在建筑形式中的表达。

图 3-23

图 3-24

图 3-25　自然树皮图案

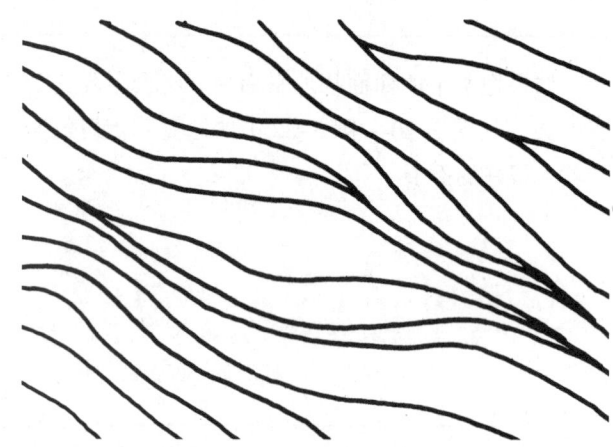

图 3-26　本质的形式

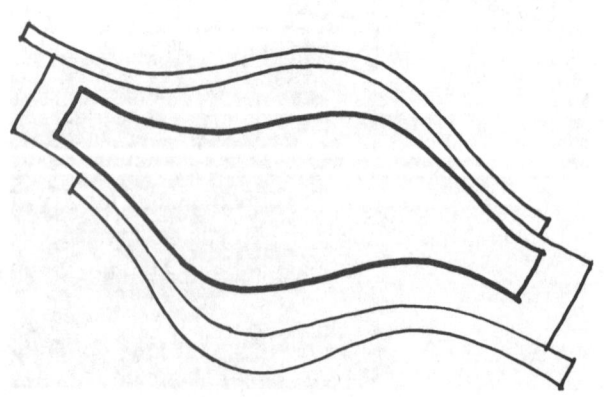

图 3-27　设计者抽提出的形状

图 3-28　它在建筑景观中的应用

就如包含着环状气泡的冰块一样，平滑的曲线也有很多有趣的形式。和直线的特点一样，曲线也能环绕形成封闭的曲线（图 3-29 和图 3-30）。

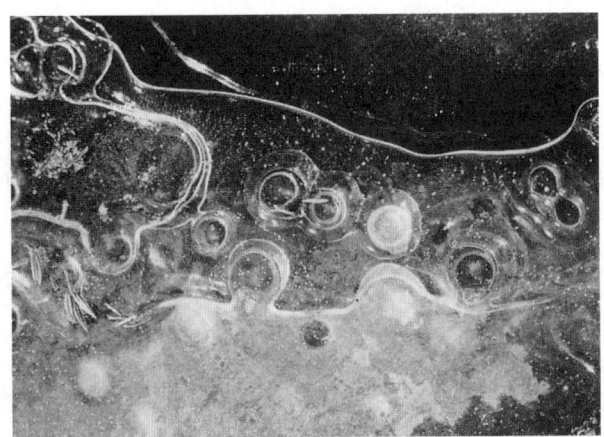

图 3-29

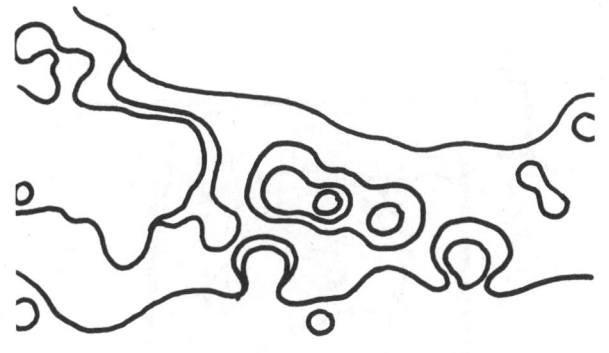

图 3-30

当这种封闭的曲线被用于景观之中时，它能形成草坪的边界、水池的驳岸或者水中种植槽的外沿（图 3-31 ~ 图 3-33）。总之，这些形状给空间带来一种松散的、非正式的气息。

图 3-31

图 3-32

图 3-33

下例是某社区的干旱园设计方案，它显示了由理念性方案发展为以曲线为主旋律的方案的过程，图中的人行道、墙、干涸的小溪及种植区的边线都设计成蜿蜒的形式（图 3-34 ~ 图 3-37）。需要注意在限定三维空间方面这种形式是很重要的。

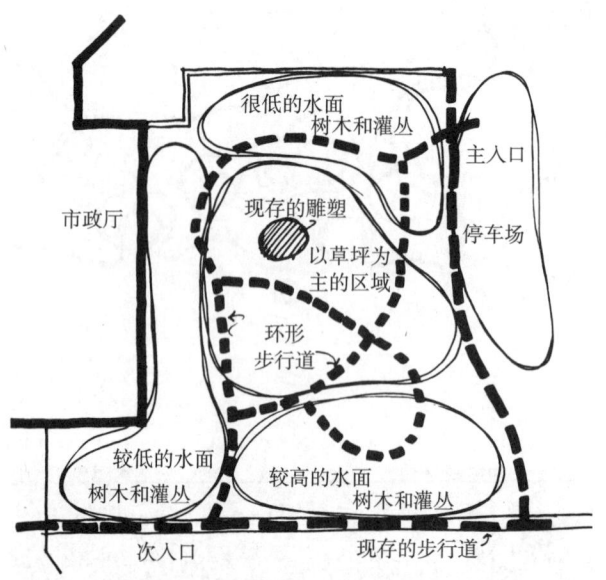

图 3-34　概念性方案

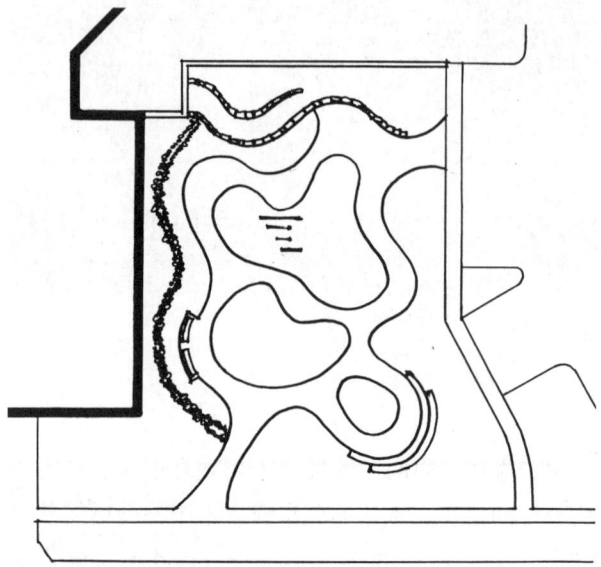

图 3-35　花园的形式

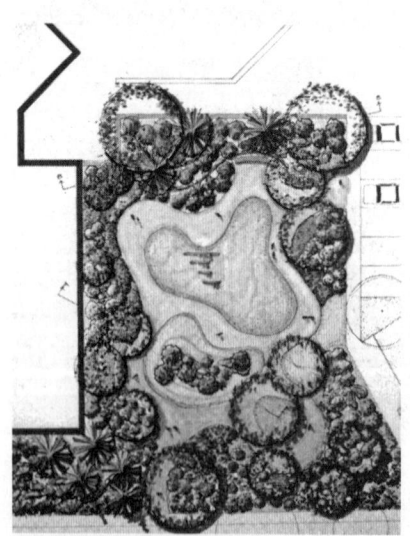

图 3-36　最终的方案

图 3-37　实施后的景观

为了能画出自由形式的曲线，最好使用徒手快速画线法，即保持手指不动，只让肩关节和肘关节用力，努力画出平滑、有力的波形条纹，避免产生直线和无规律的颤动点。

图 3-38 中上方图案示出的是带有无规律颤动点的曲线。

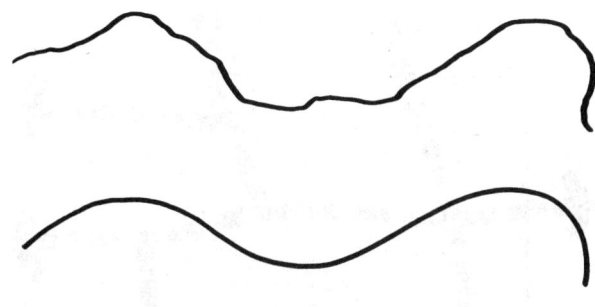

图 3-38 中下方图案示出的是带有平滑的和流畅韵律的曲线。

图 3-38

自由的椭圆和扇贝形的图案

如果我们把椭圆看成是脱离精确的数学限制的几何形式，我们就能画出很多自由的椭圆。徒手画卵圆形是很容易的事。这些泡状的图形是以相当快的速度绘制而成，每一椭圆都重复了几圈。通过这些重复你能把不规则的点和突出的部分变得更平滑（图 3-39 和图 3-40）。

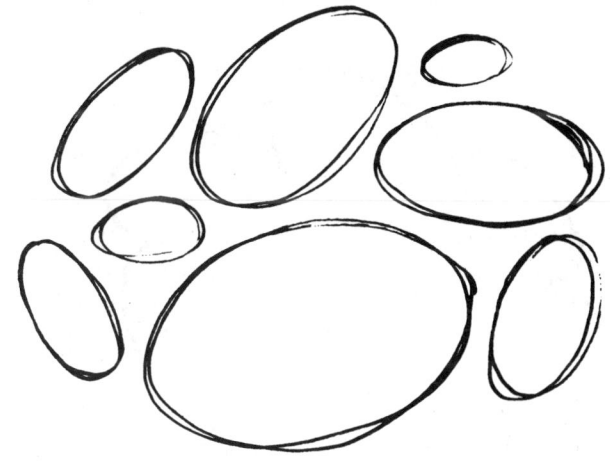

图 3-39

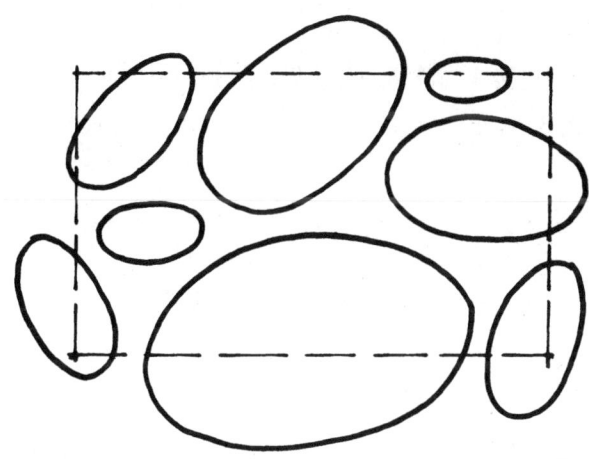

图 3-40

自然形式的发展　57

自由漂浮形式的椭圆很适应于这一步行道的设计。根据空间大小调整椭圆的尺寸进而设计出这种循环的模式（图3-41和图3-42）。

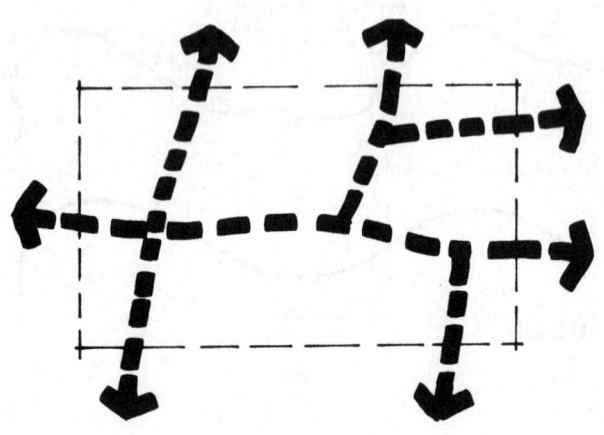

图3-41

图3-42

　　相接的自由椭圆组成了动感的穗状图案（图3-43）。

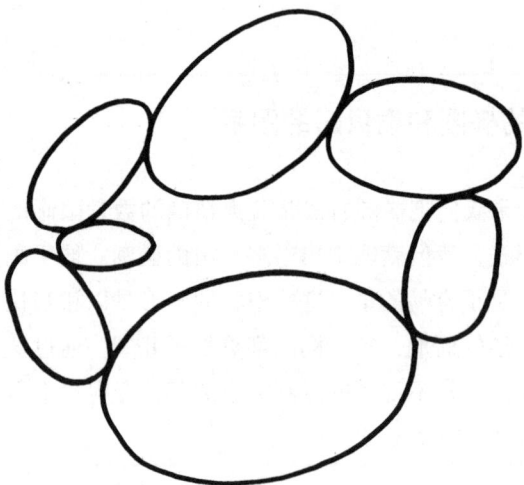

图3-43

　　连接这些椭圆的外边界可得到一个突起的图案（图3-44）。

图3-44

连接这些椭圆的内边界可得到一个尖锐的扇贝形图案（图 3-45）。

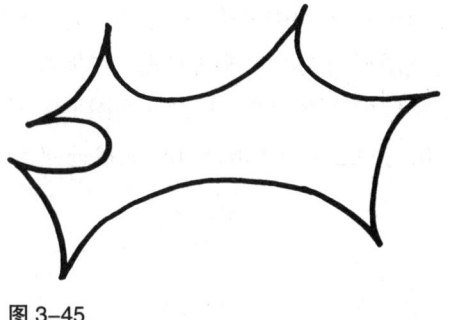

图 3-45

橡树叶尖锐的外形能被作为景观材料应用于园林中（图 3-46 和图 3-47），这一点在本节的后面将给大家示出。

图 3-46

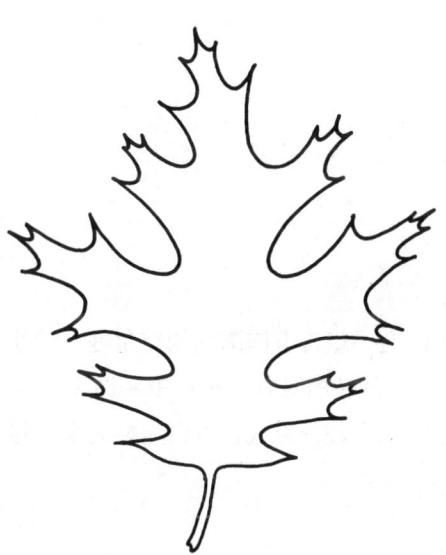

图 3-47

为了适应理念性方案中空间和尺寸的需要，有时必须改变这些图形的大小和排列方式。在你修改它们使之代表确定的实物之前，如果这些图形需要相交，你要确保它们之间的交角是 90° 或接近 90°（图 3-48）。

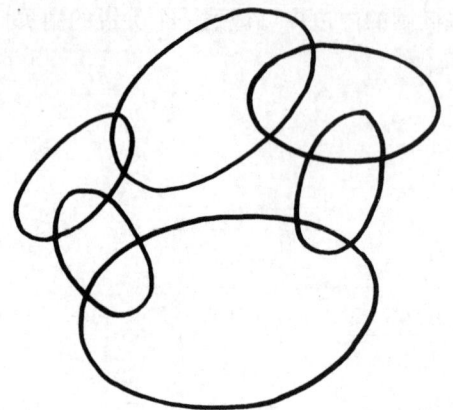

图 3-48

注意由这些图形的外边界连接成的图形和由它们的内边界连接而成的图形具有不同的特征（图 3-49）。

图 3-49

如果我们改变一组自由椭圆的相交角度，就能得到一组与之完全倒转的图形（图 3-50 和图 3-51）。为给场地创造一些有趣的形式，可以交换或来回移动部分椭圆。

图 3-50

图 3-51

图 3–52 中的扇贝外形是从图 3–53 中的这株小青苔的生长模式演变来的。

图 3–52

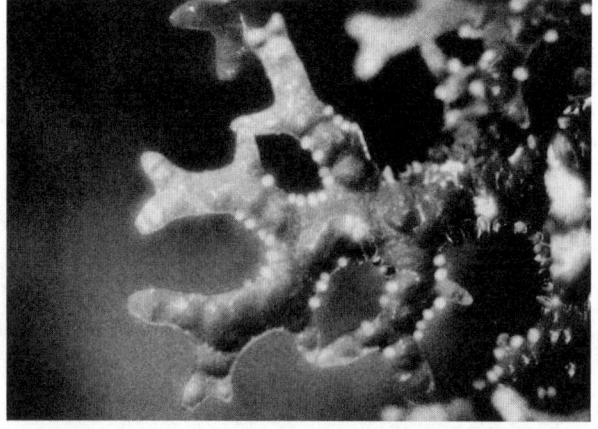

图 3–53

从下面的例子中体味空间中的卵形和扇贝形（图 3–54 ~ 图 3–57）。

图 3–54

图 3–55

图 3–56

图 3–57

自由的螺旋形

两类主要的螺旋体对于螺旋形的自由发展是很重要的。一类是三维的螺旋体或双螺旋的结构。它以旋转楼梯为典型（图3-58），其空间形体围绕中轴旋转，并同中轴保持相同的距离。

图 3-58

另一类是二维的螺旋体，形如鹦鹉螺的壳（图3-59）。旋转体是由螺旋线围绕一个中心点逐渐向远端旋转而成。

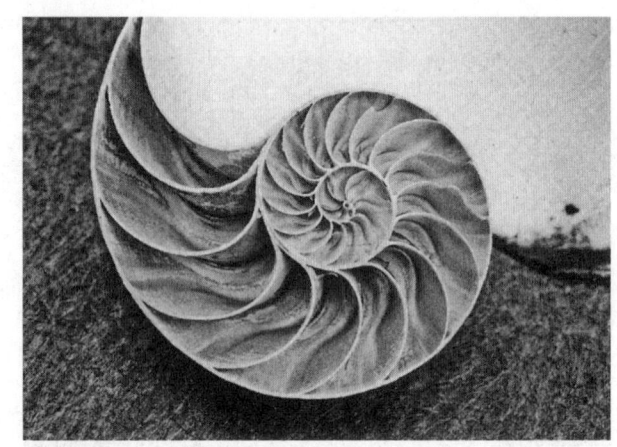

图 3-59

两类螺旋体都存在于自然界的生物之中（图3-60）。

为简便起见，我们仅就二维螺旋体加以探讨。

图 3-60

新西兰土著人——毛利人所使用的一种基本的设计形式叫作"koru"，它的形状像正在伸展的树蕨叶子，主干的末端带有螺线的曲线（图3-61和图3-62）。它仅是前面所提到的对数螺旋线的一种变体，这样的变体在自然界还存在有好几种。

图 3-62

图 3-61

毛利人的画家和雕刻家通过对"koru"进行不同方式的组合，设计出了许多有趣的形式（Phillips，1960）。反过来，这些形式又激起人们对自然界其他形体的遐想，如波、花朵、叶子等，如图3-63所示。

图 3-63

把螺旋线进行反转可以得到其他形式的图案。以螺旋线上的任意一点为轴，都可以对其进行反向旋转。如果这一反转角度接近90°，就会产生一种强有力的效果。这些图中的一些形状看起来就像翻转的波浪（图3-64和图3-65）。

图 3-64

图 3-65

自然形式的发展　63

把反转的螺旋形同扇贝形和椭圆形连在一起，就会衍生出一些自由变换的形式（图3-66）。

图 3-66

一些松散的部分螺旋形和椭圆形连在一起，可以为这个小广场创造出具有层次的次级空间（图3-67和图3-68）。

图 3-67

图 3-68

在作者设计的一个干旱园示范园里（图3-69），用自由螺旋的形状来设计石墙，并沿石墙设计出环状的步行道。

图3-70～图3-72示范了螺旋形在景观中的其他应用形式。

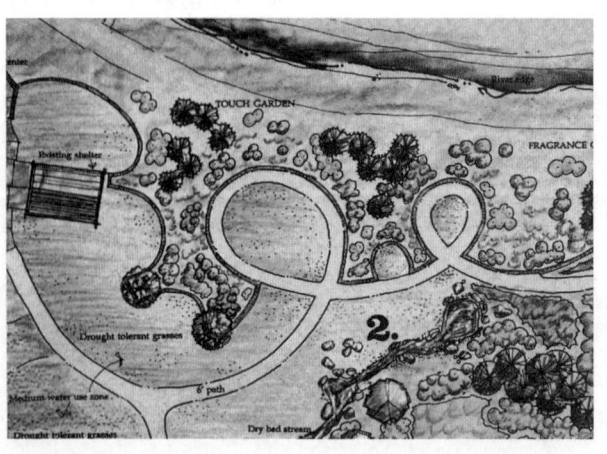

图 3-69

图 3-70 新加坡植物园

图 3-71 喷泉（斯洛文尼亚）

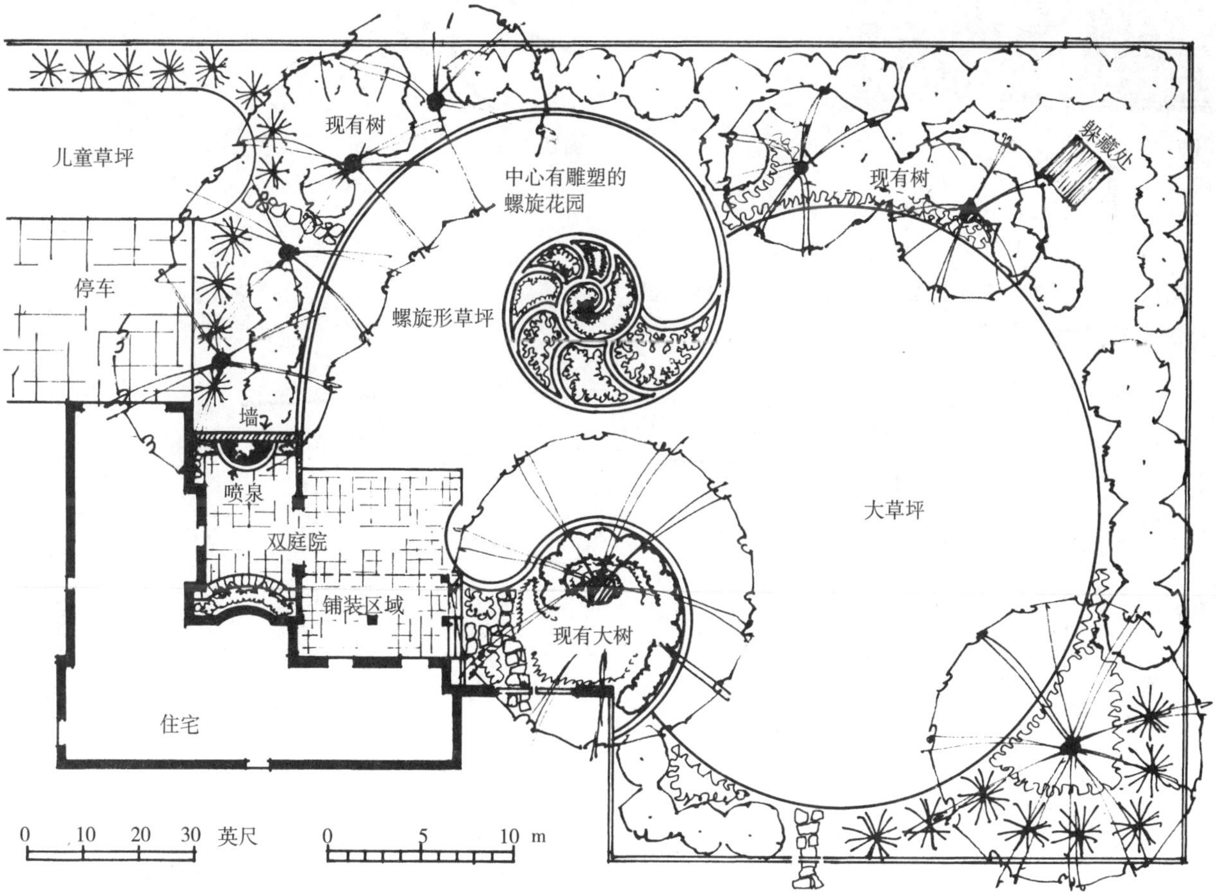

儿童草坪

现有树

中心有雕塑的
螺旋花园

现有树

躲藏处

停车

螺旋形草坪

墙

喷泉

双庭院

铺装区域

住宅

大草坪

现有大树

| 0 | 10 | 20 | 30 | 英尺 |

| 0 | 5 | 10 | m |

图 3-72 螺旋形花园设计

不规则的多边形

自然界存在很多沿直线排列的形体。

花岗岩石块的裂缝（图 3-73）显示了自然界中不规则直线形（图 3-74）物体的特点，它的长度和方向带有明显的随机性。正是这种松散的、随机的特点使它有别于一般的几何形体。

图 3-73

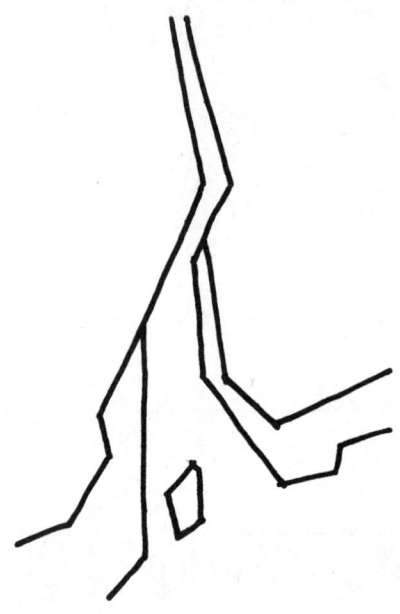

图 3-74

当使用这一不规则、随机的设计形式时，请用下图所用的方法绘制不同长度的线条和改变线条的方向（图 3-75）。

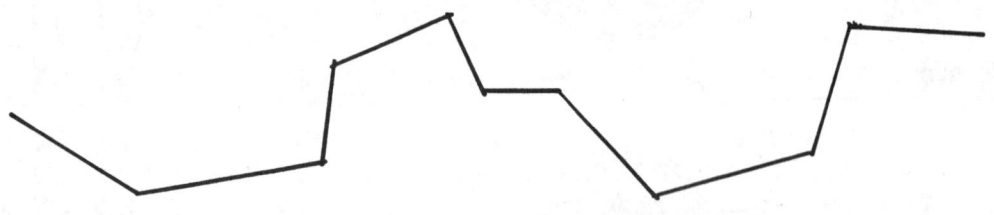

图 3-75

使用角度在 100° ~ 170° 之间的钝角（图 3-76）。

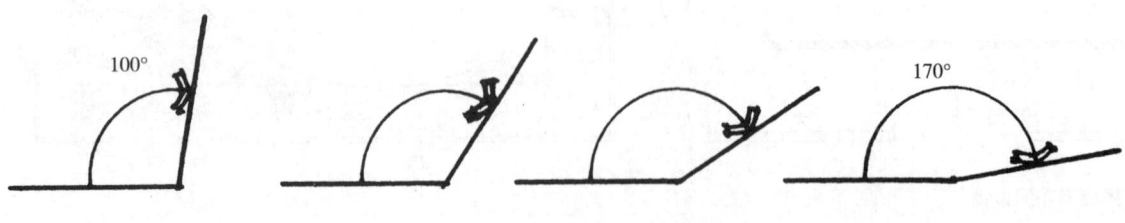

图 3-76

使用角度在 190° ~ 260° 之间的优角（图 3-77）。

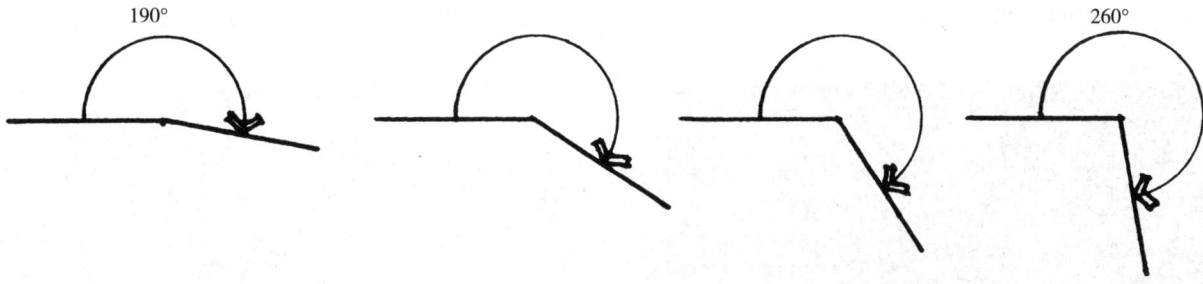

图 3-77

避免使用太多的同直角或直线相差不超过 10° 的角度，也不要用太多的平行线（图 3-78）。

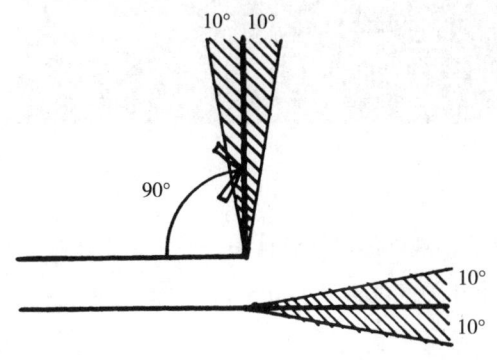

图 3-78

过多的重复平行线或者 90° 角导致主题又回到了前面我们讨论的矩形和三角形的几何形体了，有死板的感觉（图 3-79）。

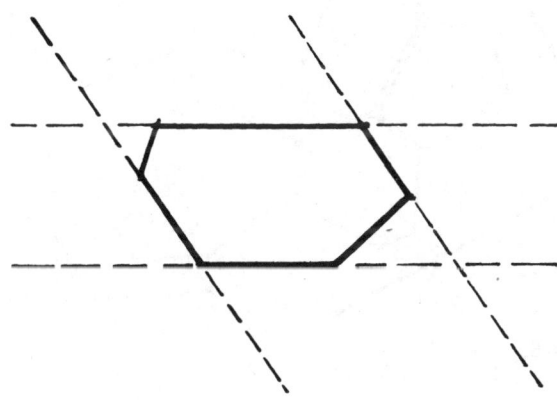

图 3-79 避免这样设计

避免在设计中使用锐角（图 3-80）。就如前面所提到的，锐角将会使施工难以实施，人行道产生裂缝，一些空间使用受限，不利于景观的养护等。

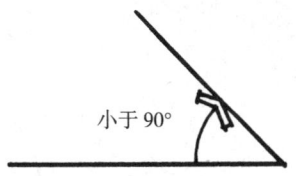

图 3-80 避免这样设计

在这一被侵蚀的海滨沙岩中存在很多不规则的多边形（图3–81）。注意这些线条长度、线条方向及多边形形状的随机性（图3–82）。

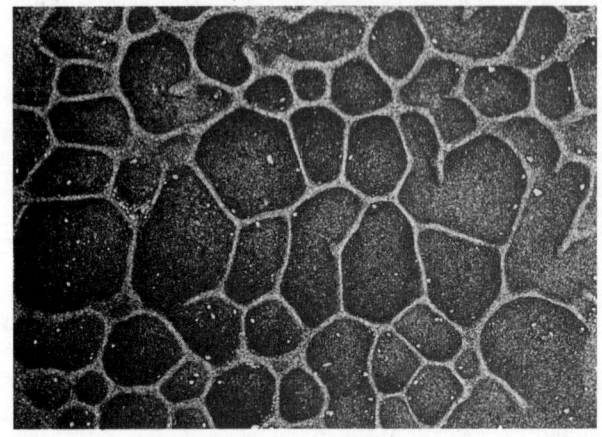

图3–81

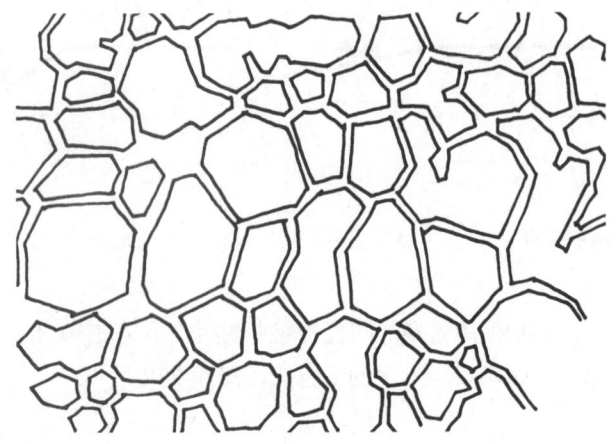

图3–82

在这些不规则的池塘设计中，使用了很多不规则的多边形作为景观材料（图3–83 ~ 图3–86）。

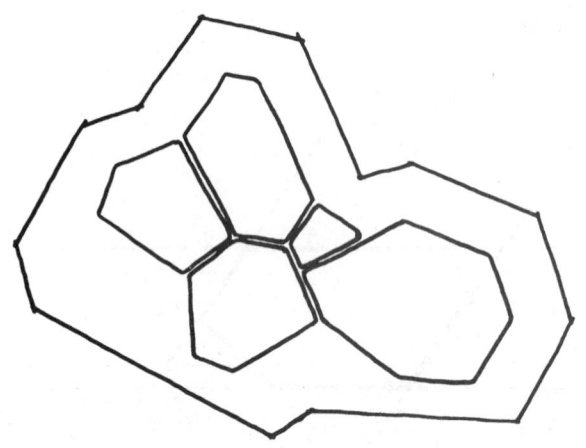

图3–83

图3–84

图3–85

图3–86

线形的多边形组成半规则式的人行道或石质踏步（图 3-87）。

图 3-87

在加利福尼亚州旧金山的内河码头（Embarcadero）广场（图 3-88）的鸟瞰图中，用不规则的尖角能大致表达出遭地震破坏后的情感，这是该广场在设计时所定下的概念性主题。

图 3-88

在加利福尼亚州索萨利托（Sausalito）的一个小海湾的广场（图 3-89）中，有效使用细微的水平变化使潮汐依次充满这一不规则的台地间或定时从中排出。

图 3-89

在科罗拉多州比弗河（Beaver Creek）溪边的小广场（图 3-90）设计中，用一些不规则的平台逐渐延伸到水中。

图 3-90

在得克萨斯州的一个城市水景广场（图 3-91）中，用不规则的角度和平面去增强垂直空间效果，从而创造出充满激情的空间表达形式。

图 3-91

尽管反复强调在人造结构中慎用锐角，但在自然界的不规则多边形中却经常会有一些锐角，如图 3-92 和图 3-93 所示。

图 3-92　树干上的鳞片

图3-93 干裂的泥浆中的线条

这些形式经常被用于设计景观空间中不规则式的地平面模式（图3-94）。

图3-94

生物有机体的边沿线

一条按完全随机的形式改变方向的直线能画出极度随机的图形，它的随机程度是前面所提到的图形（蜿蜒曲线、松散的椭圆、螺旋形或多边形）无法比拟的。这一"有机体"特性能很好地在下面大自然的实例中被发现。

生长在这一岩石上的地衣有一个界限分明的不规则边沿，边沿的有些地方还有一些回折的弯（图3-95和图3-96）。这种高度的复杂性和精细性正是生物有机体边界的特征。

图3-95

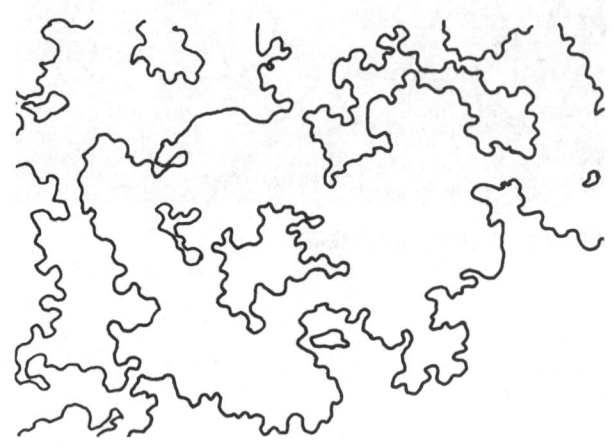

图3-96

自然界植物群落（图3-97和图3-98）或新下的雪（图3-99）中，经常存在一些软质的、不规则的形式。尽管形式繁多，但它们拥有一种可见的秩序，这种秩序是植物对生境的变化和那些诸如水系、土壤、微气候、火灾、动物栖息地等不确定因素的反映结果。

图3-97

图3-98

图3-99

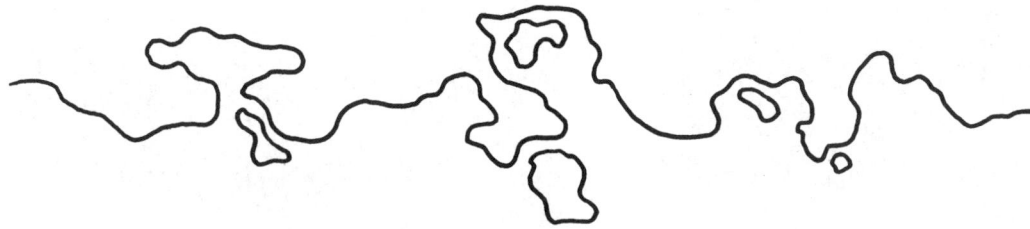

图 3-100

有机体的形式可以用一个软质的随机边界表示，如图 3-100 和图 3-101 所示。

图 3-101

在一个硬质的如断裂岩石的随机边界中也可以发现有机体的形式，如图 3-102 和图 3-103 所示。

图 3-102

注意下列景观（图 3-104 ~ 图 3-111）中的一些不规则的特点。自然材料如未雕琢的石块、土壤、水、植物等很容易地就能展现出生物有机体的特点，可这些人造的塑模材料如水泥、玻璃纤维、塑料也能表现出生物有机体的特点。这种较高水平的复杂性能把复杂的运动引入到设计中，能增加观景者的兴趣，吸引观景者的注意力。

图 3-103

图 3-104

图 3-105

图 3-106

图 3-107

图 3-108

图 3-109

图 3-110

图 3-111

聚合和分散

　　自然形体的另一个有趣的特性是二元性。它将统一和分散两种趋势集为一体：一方面，各元素像相互吸引一样丛状聚合在一起，组成不规则的组团；另一方面，各元素又彼此分离成不规则的空间片段（图 3-112）。

　　这里画出的一些图形由特定自然形体派生而来，同时也是对它们的解释。

　　景观设计师在种植设计中用聚合和分散的手法，来创造出不规则的同种树丛或彼此交织和包裹的分散的植物组（图 3-113 和图 3-114）。

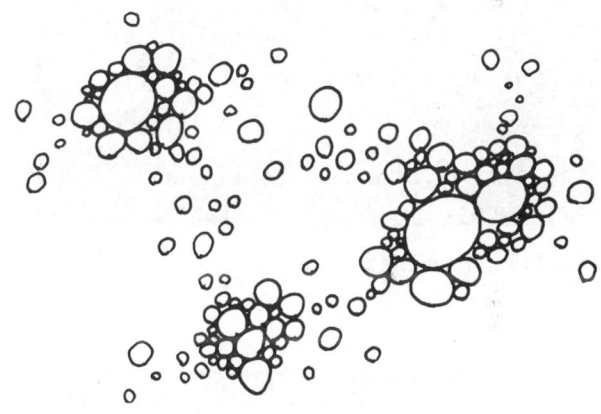

图 3-112

图 3-113

图 3-114

自然形式的发展　75

成功创造出自然丛状物体的关键是在统一的前提下，应用一些随机的、不规则的形体。例如，围绕池塘的一组石块可通过改变大小、形状和空间排列而成。有些石块应该比其他的大一些；有些石块因空间排序和形状的需要必须突出于水面，另一些则需沿着池岸拾阶而上；有些石块要显示出高耸的立面，而另一些却要强调平面效果。这组石块通过大致相同的色彩、质地、形状和排列方向来统一在一起。比较图 3-115 和图 3-116 所示的自然组合及图 3-117 和图 3-118 的设计组合之间的相似性。

图 3-115　自然界的聚合

图 3-116　自然界的聚合

图 3-117　设计的聚合

图 3-118　设计的聚合

也有一些分散的例子，它们表达一种破裂分开的感觉，包含一个紧密联系在一起的元素向松散的空间元素逐渐转变的概念（图 3-119～图 3-122）。

图 3-119 自然界的分散体

图 3-120 自然界的分散体

图 3-121 设计的分散体

图 3-122 设计的分散体

当设计师想由硬质景观（如人行道）向软质景观（如草坪）逐渐转变时（图 3-123），或想创造出一丛植物群渗入另一丛植物群的景象时（图 3-124），聚合和分散都是很有用的手段。一个丛状体和另一个丛状体在交界处要以一种松散的形式连接在一起。

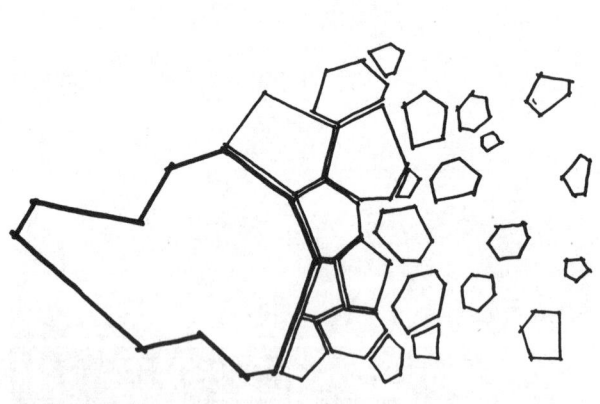

图 3-123

图 3-124

分形几何学

在第二章和这一章中，几何图形和自然图形被加以区别。这种区分是有些主观的，只是为了方便讨论设计发展。事实上它们不是完全分离并互相排斥的两个类型，它们之间是有重叠的。自然界展示着无数的数学和几何系统的秩序。例如蜂巢的六边形穴、雏菊的放射状系统、DNA 螺旋的严格螺旋线顺序。这些全都符合传统的欧几里得几何学。

然而，在自然界中也有一些图案似乎完全不符合欧几里得几何学。就如同词语"多枝的、云状的、聚集的、多尘的、漩涡形的、流动的、碎裂的、不规则的、肿胀的、紊乱的、扭曲的、湍流的、波纹的、螺纹的、像小束的、扭曲的"所描述的图像。你可能想像不定形的形式有很大的不规则性和内在的无秩序性。近来有一个数学的分支叫做分形几何学，它试图去给这些明显无序的自然发生的图案以秩序。

曼德勃罗（Mandelbrot，1982）在他的《大自然的分形几何学》一书中用数学方法系统化了一些看起来不定形、无规则的形状。如在图3-125～图3-129中的形状，在景观设计中应用的前景就很好。

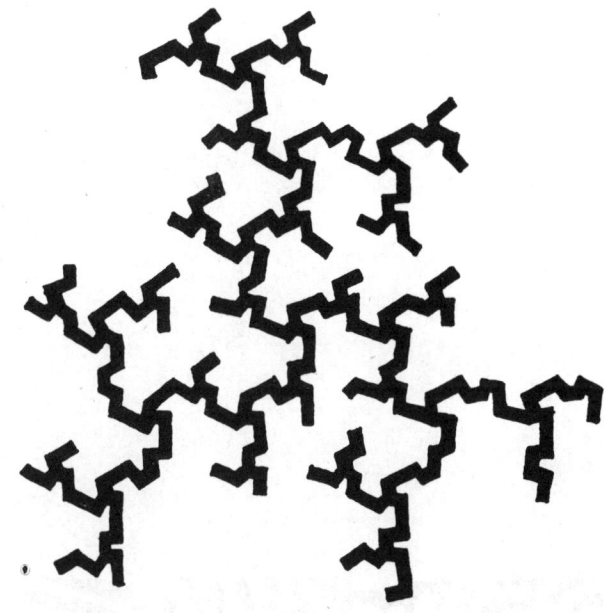

图 3-125　人字纹

图 3-126　幕帘

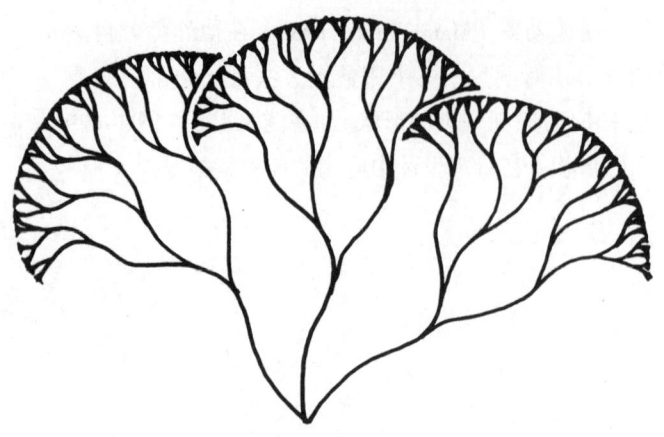

图 3-127 树枝

图 3-128 迷宫

图 3-129 振荡

我们没有必要为分形几何学的那些数学公式感到烦恼。我们的目的只是要充分观察这些复杂的自然图形并加以提炼。把它们看作是不规则的而不是规则的,是无系统的而不是系统的,是随机的而不是可预料的,是松散的而不是僵化的。总体来说,不规则的有机形状激起一种生长、发展、轻浮、自由和明显无序的感觉。

各种媒体的设计要以一些重要原则为指导。在景观设计的全过程中，这些原则一直在发挥作用。但设计原则在设计发展阶段中尤为重要。如第一章所述，在完成了最初项目的规划阶段、场地调查、场地分析之后，设计师必须把设计原则结合到设计的发展、细化直至最终设计定稿的所有相关阶段。这里利用一些案例来使这些原则的介绍简单化。设计师应利用基本的设计元素，并利用组织原则来指导设计。

基本设计元素

下面把设计的基本元素归纳为 10 项，其中前 7 项是可见的常见形式，即点、线、面、形体、运动、颜色和质地，后三项声音、气味、触觉则和我们的不可见的感觉有关。

点 一个简单的圆点代表空间中没有量度的一处位置（图 4-1）。

线 当点被移位或运动时，就形成一维的线（图 4-2）。

面 当线被移位时，就会形成二维的平面或表面，但仍没有厚度。这个表面的外形就是它的形状（图 4-3）。

形体 当面被移位时，就形成三维的形体。形体被看成是实心的物体或由面围成的空心物体（图 4-4）。就像一间房子由墙、地板和顶棚组成一样，户外空间中形体是由垂直面、水平面或包裹的面组成。把户外空间的形体设计成完全或部分开敞的形式，就能使光、气流、雨和其他自然界的物质穿入其中。

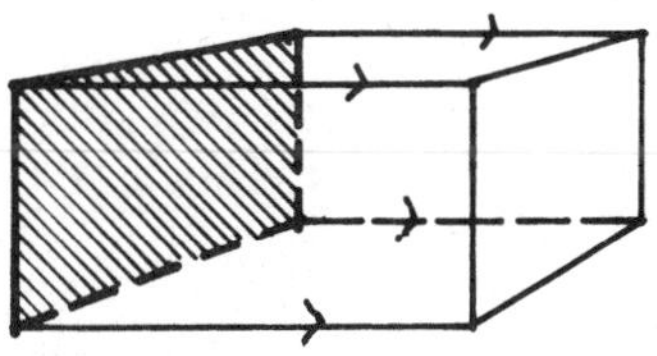

图 4-1 点

图 4-2 线

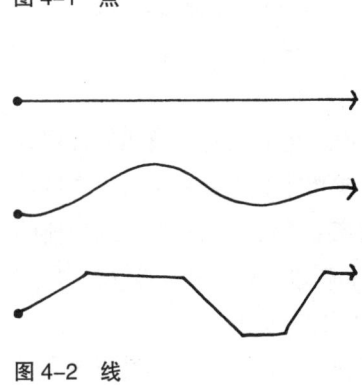

图 4-3 面

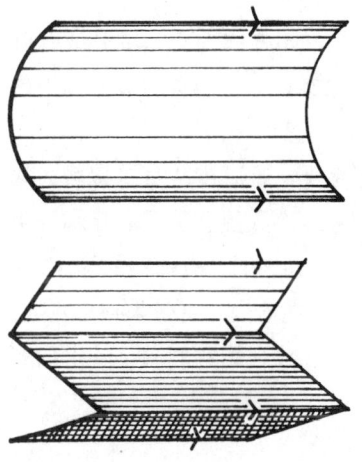

图 4-4 形体

运动 当一个三维形体被移动时，就会感觉到运动，同时也把第四维空间——时间当作了设计元素。然而，这里所指的运动，应该理解为与观察者密切相关。当我们在空间中移动时，我们观察的物体似乎在运动，它们时而变小时而变大，时而进入视野时而又远离视线，物体的细节也在不断变化。因此在户外设计中，正是这种运动的观察者的感官效果比静止的观察者对运动物体的感觉更有意义。

颜色 所有的表面都有内在的颜色，它们能反射不同波长的光波。

质感 在物体表面反复出现的点或线的排列方式使物体看起来粗糙或光滑（图4-5），或者产生某种触觉感受。质感也产生于许多反复出现的形体的边缘，或产生于颜色和映像之间的突然转换。

剩余的三种元素是不可见的。

声音——听觉感受 对我们感受外界空间有极大的影响。声音可大可小，可以来自自然界也可以人造，可以是乐音也可是噪声等。

气味——嗅觉感受 园林中的花、阔叶或针叶的气味往往能刺激嗅觉器官，它们有的带来愉悦的感受，有的却引起不快的感觉。

触觉——触摸的感受 通过皮肤直接接触，我们可以得到很多感受——冷和热、平滑和粗糙、尖和钝、软和硬、干和湿、黏性的、有弹性的等等。

把握住这些设计元素能给设计者带来很多机会，设计者能有选择或创造性地利用它们满足特定的场地和雇主的要求。

图4-5

组织原则

在前面章节中讨论的形式演变过程是一个系统的过程或者说是组织技巧的应用过程。尽管这些形体很有用，设计者要想创造出理想的外部空间还需要用一定的组织原则来组织它们。由于特定的技巧与下面的原则密不可分，因此像统一性和协调性这类基本原则我们已经提及过。这些原则要贯穿于设计的始终，即从概念性方案到最后的细化过程。

观察者对周围环境的兴趣和愉悦感取决于感觉的两个补充原则：新奇性引发刺激的需求和熟悉的需求。第一个是对变化的反应，第二个是对不变的反应。这两种反应相互矛盾，人们的感觉在需要变化和新奇的同时，也在规律和重复之中寻找安全。一种包含着意外变化的熟悉模式才可能创造出令人满意的美学效果。设计方案很难用绝对的好坏和对错来区分。美是一种感受程度，它同个人以前的经历密切相关。虽然人们对美的感受各不相同，引人入胜的统一性和协调性仍是重复的组织原则。

统一性　能把单个设计元素联系在一起进而使人们易于从整体上理解和把握事物。当这一石块被自然之力分成几块时，碎块在大小和形状上都可能差别很大，但仍处于原始石块（图4-6）的大致位置。统一性就是要具有单体和整体的共性，能把不同的景观元素组合成一个有序的主题。因此，利用第二章所讲的主题技巧就能建立一个统一的框架。

图4-6

其他的统一技巧包括对线条、形体、质感或颜色的重复——当需要把一组相似的元素连接成一个线性排列的整体时，这种方法特别奏效。这些实例包括：

图4-7展示了重复的矩形人行道贯穿于整个空间。

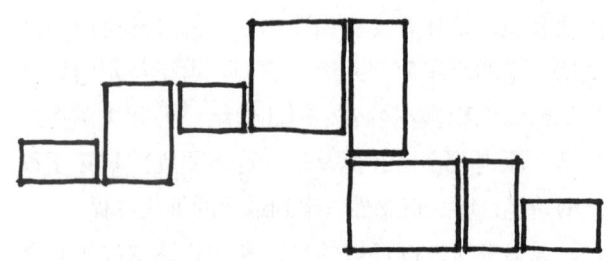

图 4-7

图4-8展示了流动的水体作为统一的线条穿插于重复堆置的石块之中。

图 4-8

图4-9展示了把相同种的植物种植在一起，使之成为界限分明的组团。

图 4-9

如果不遵循统一性的原则，设计就会变得杂乱无序。比如这一设计混乱的植物丛（图4-10），或者另一图中的各种石块随机散置于鹅卵石地面上或随机堆积在一起（图4-11）。

图 4-10

为什么一堆石块达不到有效的设计效果呢？毕竟，通过聚合能产生一些统一的感觉！原因部分在于这些无目的岩石种类缺乏协调性。自然界从来都不是随机的，或许设计者能因此而得以慰藉，同时也因为这一原因，爱因斯坦才说："不要相信上帝是靠掷骰子创造世界的。"

协调性　是元素和它们周围环境之间相一致的一种状态。与统一性所不同的是，协调性是针对各元素之间的关系而不是就整个画面而言。那些混合、交织或彼此适合的元素都可以是协调的，而那些干扰彼此的完整性或方向性的元素是不协调的。在本章"形体整合"一节中介绍了协调的一些技巧。其关键在于保持流畅的过渡、牢固的连接、不同元素间的缓冲区。

真实和实用的价值　利于提高协调性。用一些具有真实感的自然材料处理园林景观中的问题比用无艺术感或功能性的人造材料要协调得多。一条总的原则是避免出现不协调、生硬或不牢固。

图 4-11

冒着引起如何区分设计形式的不好与乏味之辩论的危险，我们列举了以下例子作为缺乏协调性的典范：

如图 4-12 所示，这座位于草坪中的小桥，既无特定的方向性又无实际的意义，同周围环境是不协调的。

图 4-12

图 4-13 中腐蚀的树根被精心地排成一排。

图 4-13

图 4-14 中鸭子、小鹿、青蛙、天鹅，所有这些都竞相吸引你的眼球，就会减弱空间效果，使空间充满尴尬。

图 4-14

另一种情况，20 只火烈鸟组成一组，能给人以显著的和协调的冲击力（图 4-15）。

图 4-15

协调的布局从视觉上给人以舒适感。我们比较图 4-16 中很和谐的水体和图 4-17 中的不和谐的水体。图 4-18 和图 4-19 中的前院景观也形成了对比。然而，也有一些故意使人产生窘迫和紧张之感的布局。在第五章中将介绍一些利用不和谐的手法和错觉来为室外空间增加趣味性的实例。

图 4-16　协调的布局

图 4-17　不协调的布局

图 4-18　协调的布局

图 4-19　不协调的布局

趣味性　是人类的一种好奇、着迷或被吸引的感觉。它并非基本的组织原则，但从美学角度上说是必需的，因此也是设计成功与否的关键。通过使用不同形状、尺度、质地、颜色的元素，以及变换方向、运动轨迹、声音、光质等手段可以产生一定的趣味性。使用那些易于引起探索和惊奇兴趣的特殊元素及不寻常的组织形式，能进一步加强趣味性。

下面用简图（图4-20～图4-24）说明统一性、协调性及趣味性之间的差别和相互依存的关系。

无序 这些图形缺乏统一性、协调性和趣味性。这一排列削弱了小正方形之间的联系，因而是无序的（图4-20）。

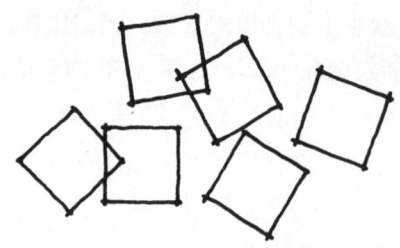

图4-20

统一 这些图形是统一的，因它使用了弯曲的组织形式，并反复使用一种图形。因小正方形之间的连接是呆板的，故它们是不协调的（图4-21）。

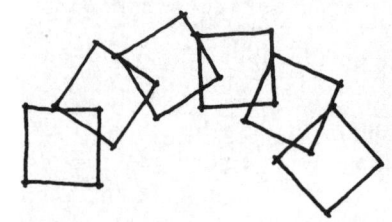

图4-21

协调 这些小正方形之间彼此协调，因所有对应的边都相互平行。但就整幅图形而言，各单元之间缺乏联系，因而缺乏统一性（图4-22）。

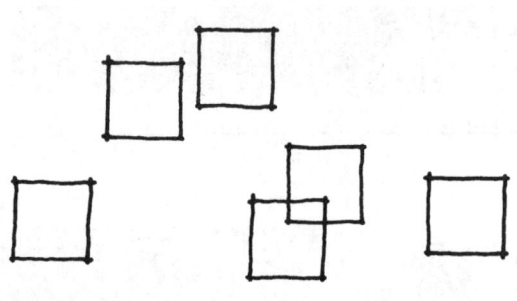

图4-22

统一且协调 这些图形因布局在一个矩形中而具有统一性和协调性，但它们缺乏趣味性（图4-23）。

图4-23

统一、协调且具趣味性 这些图形统一于"S"形布局之中，所有对应的边又具有协调的平行关系，不同尺寸的正方形增加了趣味性（图4-24）。

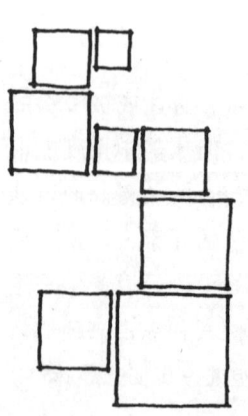

图4-24

另外几个组织原则既能单独应用又能同上述三原则配合使用。

简单 是减少或消除那些多余之物的结果，也就是要使线条、形式、质感、色彩简洁化。因此，它是使设计具目的性和清晰明了的一种基本的组织形式（图4-25）。但是，过于简单也可能导致单调。

图4-25

丰富 是简单的对立面。如果不保持一个很强的统一主题，过多的元素就会导致无序。简单和丰富之间没有精确的界限，但寻找它们之间的平衡点及寻找场所和项目之间的平衡点是至关重要的。图4-26和图4-27示出的是简单且又有足够的种类，从而不失趣味性的例子。

图4-26

图4-27

强调 是在景观设计中突出某一种元素。它要求一种布局要强调一种元素或一个小区域，使之具有吸引力和影响力。有限地使用强调能使游人消除视觉疲劳并能帮助组织方向。当你能很容易地判断出哪一项最重要时，你的设计将会变得更加令人愉快。

强调主要通过**对比**来表现（图 4-28 ~ 图 4-33）。可以在一些较小的群体中布置一个大的物体，在无形的背景下布置一个有形的实体，在暗色调之中布置一种明亮的色调，在精细的质地之中布置一种粗糙的质地，或是使用一种类似瀑布的声音。

图 4-28　深色的背景衬托着明亮的造型

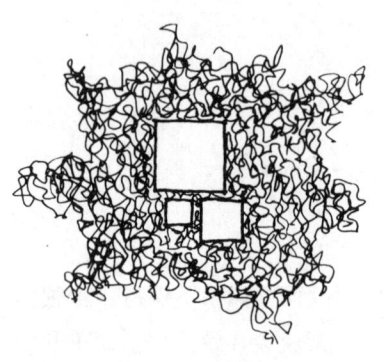

图 4-29　模糊不规则的背景围绕着轮廓清晰的形状

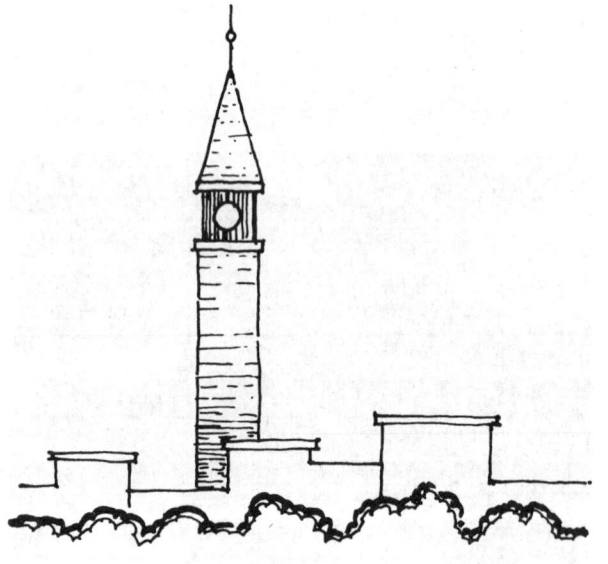

图 4-30　低矮形体旁的高大体块

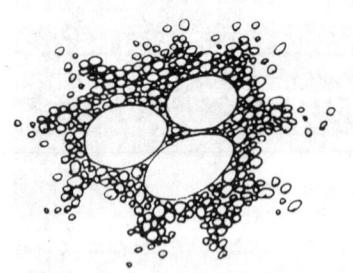

图 4-31　细腻质感围绕着粗糙质感

图 4-32　在方形实体内包含着对比强烈的圆形

图 4-33　主峰伫立在小型山石中

强调也能通过使用一种不常见的或是**独一无二**的元素来表现，如图4-34～图4-37所示。

图 4-34

图 4-35

图 4-36

图 4-37

框景和聚焦　是强调的另一种表现。它们需要有一定的外围景观相配合。当周围元素的排列利于观察者注视某一特定的景象时，可使用聚焦手法（图4-38～图4-41）。然而，必须注意的是聚焦的区域具有欣赏的价值。

图 4-38

图 4-39

图 4-40

图 4-41

当强调的原则被应用在线形景观元素或某种图案上时，就会产生韵律。**韵律**是有规律地重复强调的内容。间断、改变、搏动都能给景观带来令人激动的运动感（图 4-42 和图 4-43）。

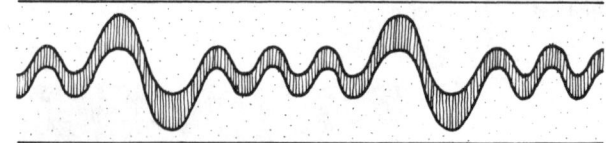

图 4-42

图 4-43

平衡　是对平衡状态的一种感觉。它暗示着稳定并被用于引起和平和宁静的感受。在景观设计中它更多地应用于从静止的观察点处进行观察，如从阳台上、入口处或休息区进行观察。观察到的一些景象之所以比其他更能吸引我们的注意力，主要是因为它们对比强烈或是不同寻常。当各种吸引人的物体在假定的支点上保持平衡时，人们就会感觉思想上很放松。景观中的这种平衡通常是指沿透视线方向垂直轴上注意力的平衡。

规则式的平衡是指几何对称的图形，且特点是在中轴的两侧重复应用同一种元素。它是静态的和可预测的，并创造出一种威严、尊严和征服自然之感（图4-44和图4-45）。

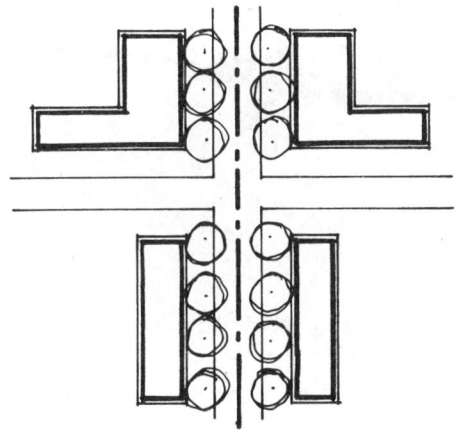

图 4-44

图 4-45

不规则式的平衡是没有几何形体和非对称的。它常是流动的、动态的和自然的，并创造一种惊奇和运动之感（图4-46和图4-47）。

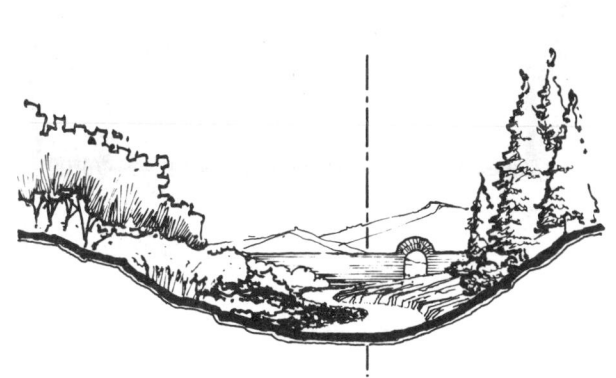

图 4-46

图 4-47

设计原则 93

尺度和比例　涉及高度、长度、面积、数量和体积之间的相互比较。这种比较可以在几种元素之间，也可在一种元素和它所在的空间之中进行。重要的是，我们倾向于把我们看到的物体同我们自己的身体进行比较。

"微型尺寸"是指小型化的物体或空间，它们的大小接近或小于我们自身的尺寸（图 4-48）。

图 4-48

"巨型尺寸"是指物体或空间超出我们身体的数倍，它们的尺度大得使我们不能轻易理解（图 4-49）。这种大能引起惊叹和惊奇之感，有时甚至是过度的压迫感。

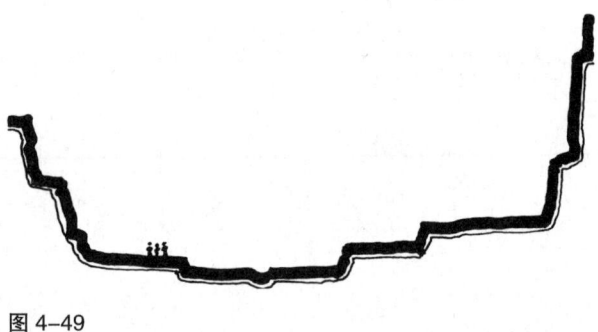

图 4-49

在这两种尺寸之间就是人体比例的尺寸，即物体或空间的大小能很容易地按身体比率去估算（图 4-50）。当水平尺寸是人身高的 2～20 倍、垂直尺寸是水平宽度的 1/3～1/2 时，尽管不能精确地目测尺寸，但此时的空间尺度是使人感觉适宜的尺度。

在人体比例尺寸这一较宽的范围内，人们常常喜欢根据经验划分成不同的**级别**：某一空间可能适宜数目较多的人群活动，而另一空间却适宜少量的人活动。空间级别是界定空间范围的概念。但平衡和尺度的原则不能简单地理解为好或坏、必须或不需要的关系，它们被设计者掌握以后，能创造出激发某些情感的作品。

图 4-50

顺序 同运动有关。静止的观景点如平台、坐凳或一片开敞的空间是重要的间隔点。我们穿越外部空间的同时也在体会着这一空间，那些空间和事件之间的一系列联系物就是顺序：水从山涧的小溪中缓缓流出，渐渐变成瀑布，汇成一泓深潭，然后急速奔流，终归江湖。同样地，设计者在外部空间设计时也应考虑到方向、速度及运动的方式。精心布置的顺序应该有一个起始点或入口，用以指示主要路径。接下来应该是各种空间和重要景点，它们被连接成为一个逻辑的过程且以到达顶点之感而结束。结束点应该是主要的间歇点并要展示一种强烈的位置感，一种居全景中心位置之感。它也可能是通向另一个序列的门坎。事实上，有多条道路和顺序也是可行的。

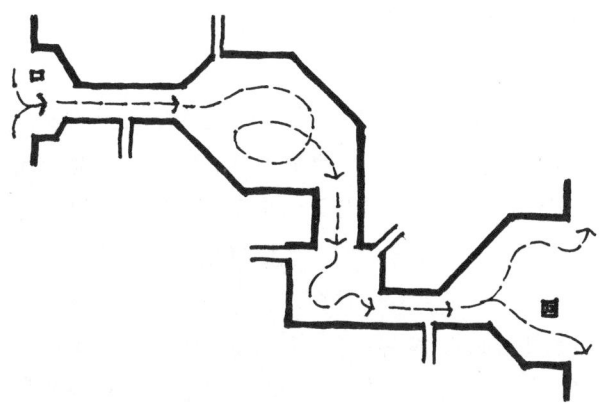

图 4-51

前文中提到的很多原则（强调、聚焦、韵律、平衡、尺寸）利于形成顺序。含有一些使游人不断产生新发现的顺序是有效的顺序（图 4-51）。最好不要在开始显露出所有景致。一个拐角能隐藏连接的空间或是重要景点；一条缝隙能使远处的景致若隐若现。不断发现的兴奋会增加游历的乐趣。注意图 4-52 和图 4-53 景观中的神秘感。

当你要设计一些具体的形体时，不妨先自问一下这些使用的问题。

整个设计中的每一部分都能作为一个优美的景致吗？

各个元素能彼此融合且同周围环境相融合吗？

我使用了足够的种类、有限的强调，并给游人带来发现的机会了吗？

设计中的每一样东西都绝对需要吗？我已经取消了所有无意义的形式、无关的材料和多余的物体了吗？

图 4-52

图 4-53

形体整合

仅仅使用一种设计主体固然能产生很强的统一感（如重复使用同一类型的形状、线条和角度，同时靠改变它们的尺寸和方向来避免单调）。但在通常情况下，需要连接两个或更多相互对立的形体。或者因概念性方案中存在几个次级主体；或因材料的改变导致形体的改变；或因设计者想用对比增加情趣。不管何种原因，都要注意创造一个协调的整合体。最有用的整合规则是使用90°角连接。当圆与矩形或其他有角度的图形连接在一起时，沿半径或切线方向使用直角是很自然的事。这时所有的线条同圆心都有直接的联系，进而使彼此之间形成很强的联系。图4-54的上半部分示出几种可能性。

90°连接也是蜿蜒的曲线和直线之间以及直线和自然形体之间可行的连接方式。平行线是两种形体相接的另一种形式。钝角连接的方式不太直接，适用于某些情况。锐角在连接时要慎重使用，因为它们经常使对立的形体之间显得牵强附会。

也能通过缓冲区和逐渐变化的方法达到协调的过渡效果。缓冲区意味着给相互对立的图形之间留出整洁的视觉距离，以缓解任何可能的视觉冲突。

除了设计者在一种形式和另一种形式之间用几个中间形式过渡以外，逐渐变化的方法与前者有相似的效果。在图4-54的右侧示出了从蜿蜒的曲线向直线过渡的一种形式。

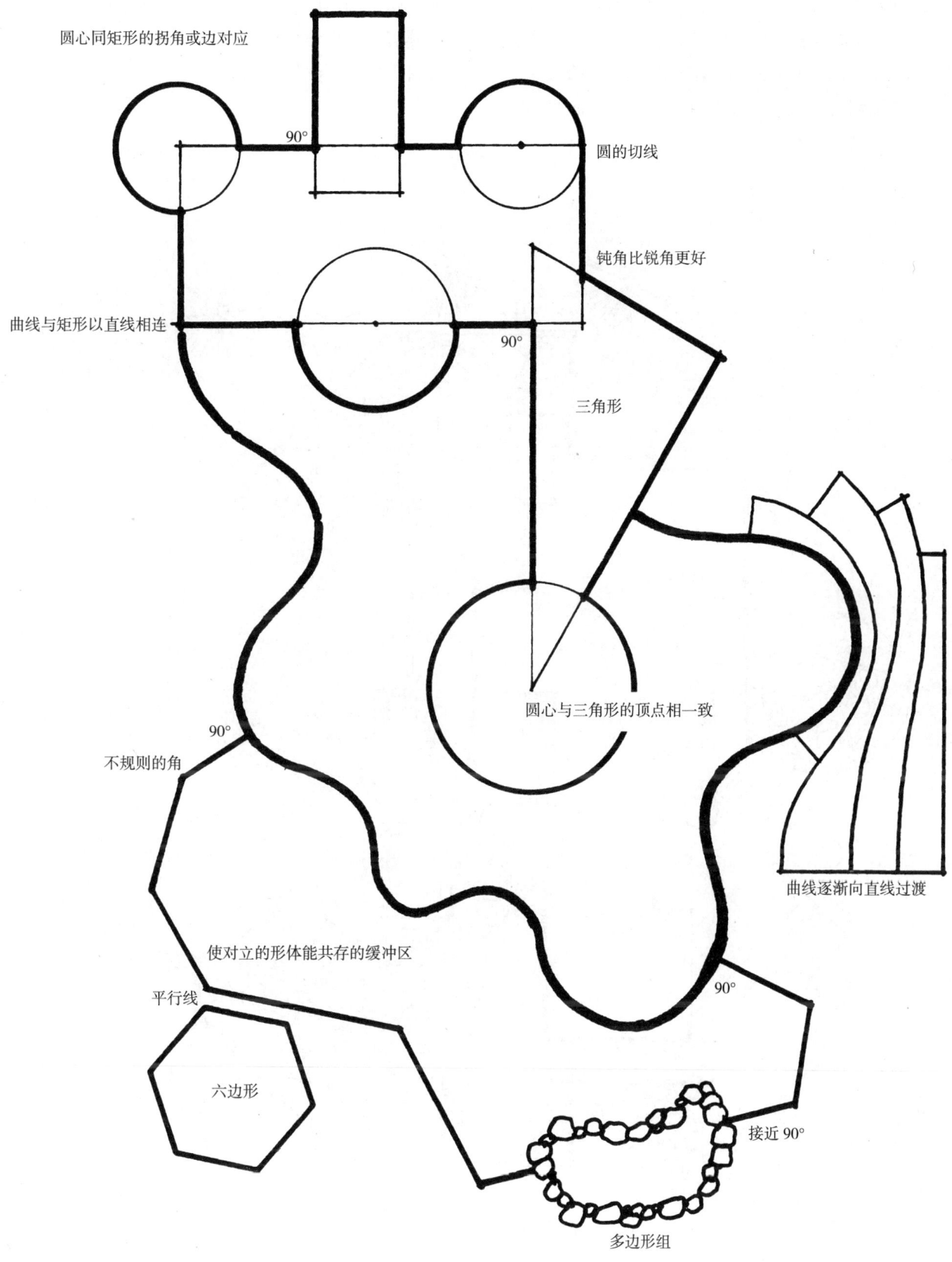

圆心同矩形的拐角或边对应

90°　圆的切线

钝角比锐角更好

曲线与矩形以直线相连

90°

三角形

圆心与三角形的顶点相一致

90°

不规则的角

曲线逐渐向直线过渡

使对立的形体能共存的缓冲区

平行线

90°

六边形

接近90°

多边形组

图 4-54　图形的整合

有几种图案被整合到图4-55中的平面图。可以找到两个90°/矩形形状。为了和入口的台阶相匹配，其前方的以矩形铺装的停车区被旋转了45°，围绕着热水浴区域的墙体与建筑的墙体呈一条直线相连接。135°花园墙与建筑及草坪以直角相连接。曲线形的草坪边缘与铺装边缘也以直角（90°）相连接。从矩形喷泉跌落的水沿着直线形的台阶渠道流下，然后进入螺旋形的渠道。螺旋形的半圆圆心和露台的边缘的圆心在同一条直线上。

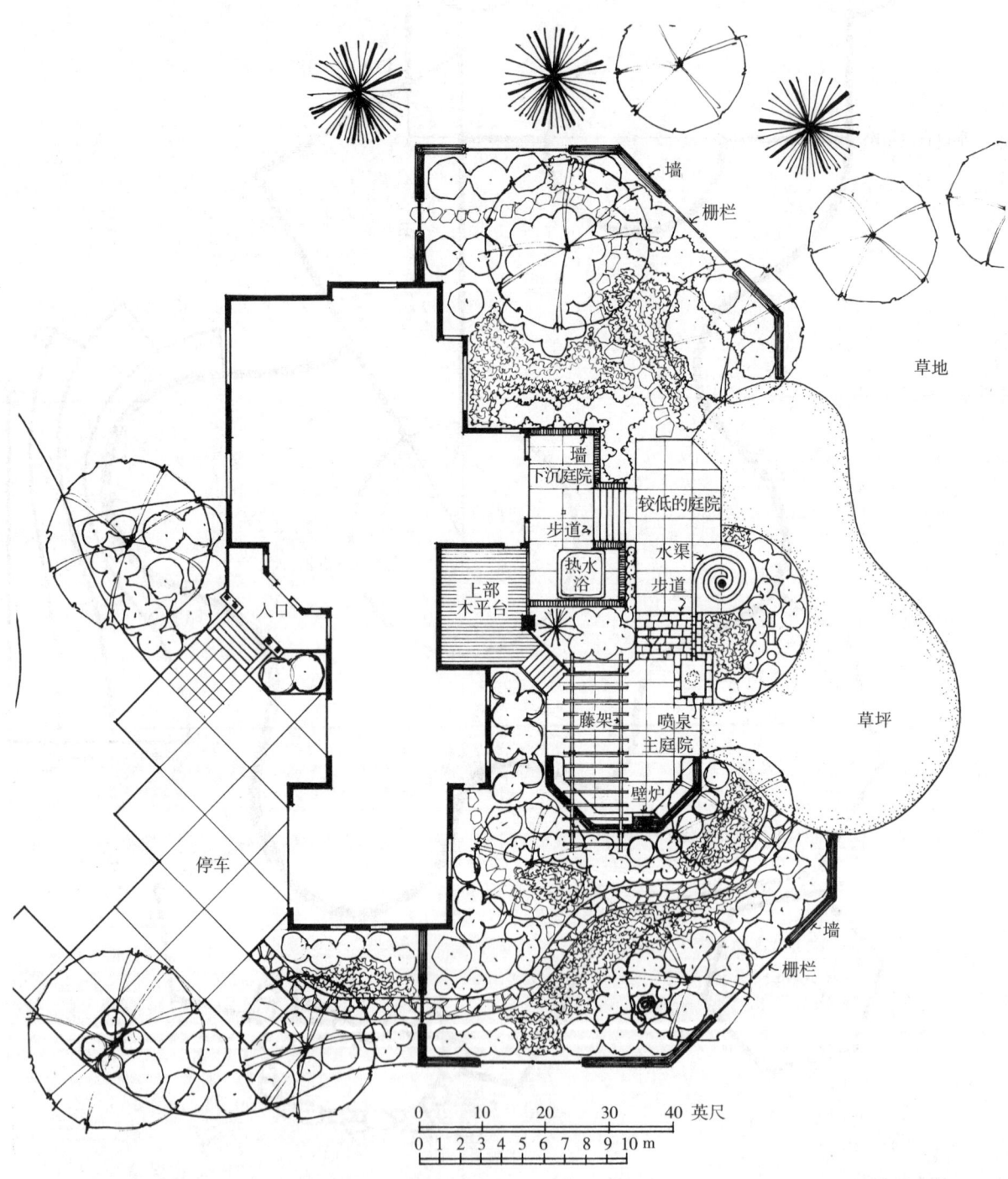

图4-55 显示形式整合过程的花园平面图

古罗马的拱顶向我们展示了从圆向矩形转变的简便方法：弧形石的半径方向引出一些直线，它们同砖块以钝角相交（图4-56）。

以下每一个例子（图4-57～图4-66）都包含两个或两个以上的对立形体，注意它们的连接方式。可找到90°连接、缓冲区和逐渐过渡。

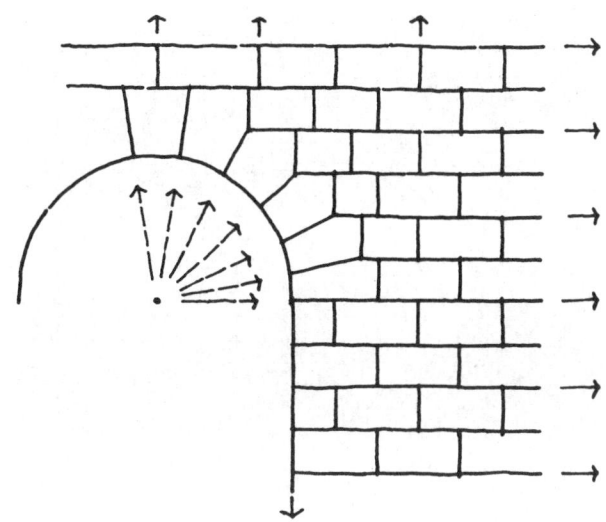

图4-56

图4-57

图4-58

图4-59

图4-60

图 4-61

图 4-62

图 4-63

图 4-64

图 4-65

图 4-66

前面的章节中为常规的专业设计师提出了解决问题的指导原则，这些原则，可以使你在设计中避免犯许多常见的错误，帮助你设计出协调、统一、有趣、同时也能满足雇主和场景需要的方案。尽管掌握它们以后会使你变得更加明智，但它们仅仅是一些指导原则，有时还需要你把它们糅合在一起甚至打破这些规则。**反常规的设计**从这些常规的设计演变而来，它们包含一些异于常规设计的属性。

通常我们希望一个好的设计方案应该具备功能性、舒适性、造价合理性及易于施工和养护等特点，并要使所有的人都喜欢。如果我们不顾这一准则而去尝试一些创造性的设计，我们就会违背上述的某些期望。设计出的景观很可能在建造时花费较高、不切合实际、难以养护甚至会冒犯一些人。那么为什么我们还要不厌其烦的来介绍它呢？因为这些不同的思想也可能是令人激动的、具挑战性的且最重要的——是创新的基础。

引入一种新材料或新的建造过程在开始时可能会很昂贵，但随着不断的应用，花费会显著下降。一种不切合实际的美学论调可能会激发出一种切合实际的替代物。一处可笑的、怪诞的场所可能会在日后成为一处成功的旅游景点。当然，这样做并不能保证成功。与此相反，反常规的设计是冒险的。但在了解这种冒险性并熟练掌握那些安全设计的原则以后，你就可以准备尝试这种不凡的设计了。

在这一章中我们将介绍一些与常规设计多少有点不同的设计作品。它们的好坏、有无参考价值、有趣还是令人厌恶，均由你自己去评判。它们的可行性仅靠你的想像力去决定。下面几个例子或许能刺激你的创造力。

锐角形式

前面的章节中曾经给出避免使用锐角的建议，但在某些条件下，通过精心安排，它们也能成功地与环境融为一体。

著名的建筑师贝聿铭就很有效地把尖角引入他的很多作品之中（图5-1）。它们与正常的直角线条显著不同。

同样，在这些城市广场（图5-2和图5-3）中也有很多尖锐的边。它们的位置设计得很巧妙，从而使它们不至于给人们带来危险。

图5-1

图5-2

图5-3

位于新加坡的这个喷泉下（图5-4），尖角的台阶已成为水中的雕塑。它们强化了流水的动感特征。为避免出现间断的点，尖角的顶端都设计成圆形。

图5-4

两圆相接难免会出现锐角。在同一地平面上的铺装图案不存在危险的问题（图5-5）。然而，在这一设计中可以通过修剪使绿篱的角度圆化，也能软化这些垂直面上的边界（图5-6）。

图5-5

图5-6

这些三角形平面由室外张拉膜结构组成（图5-7和图5-8）。它们的尖角是结构上的需要。

图5-7

图5-8

超越常规：反常规的、由刺激引起的设计　103

相反的形式

　　故意把不和谐的形体放在同一个景观中能导致一种紧张感。

　　这里展示了一堵与圆心无关的垂直墙体（图5-9）及与倾斜的墙无关的垂直墙体（图5-10）。

图5-9

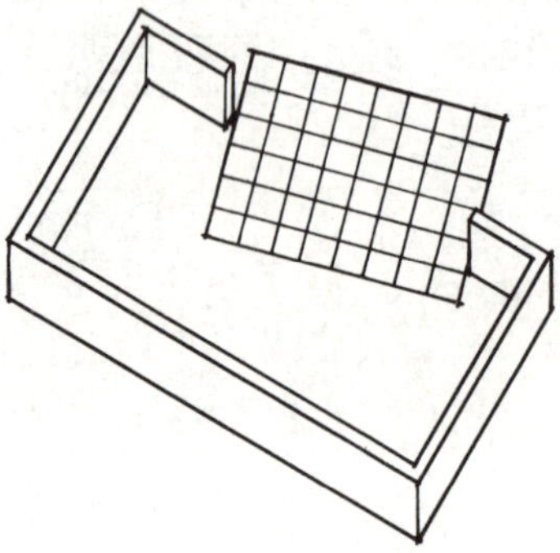

图5-10

　　把相互冲突的形式作为对应物布置在一起会引发一种特殊的情感。

　　在科罗拉多州丹佛的一个广场（图5-11）内，地面铺装的花纹和设计的矮墙之间不一致的、对立的关系引起视觉上的不适。

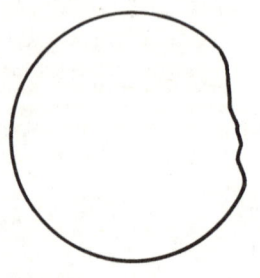

图5-11

　　"不完全正确"的形式是故意引入紧张情绪的另一种方法。因为我们的意识中有一个完美的形象并且会下意识地去追寻它。

　　我们看到一个有凹痕的圆就会下意识地试着把它画圆（图5-12）。

图5-12

我们也想把两个几乎接触的物体靠在一起（图 5-13）。

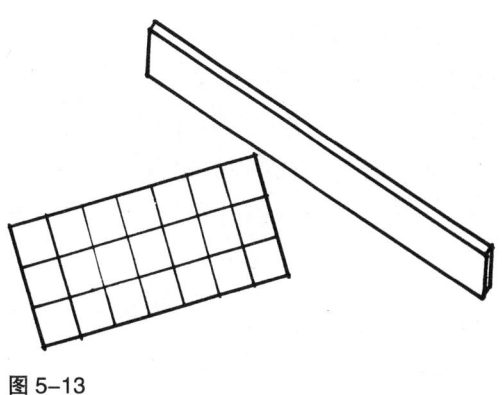

图 5-13

我们想知道接近平行但又不完全平行的两堵墙会带来何等的不安（图 5-14）。

一些观景者看到一处缺点可能就会失望地离去，另一些可能知道这是故意设计的不协调并会寻找原因。这很有可能会搅乱人们的视线。

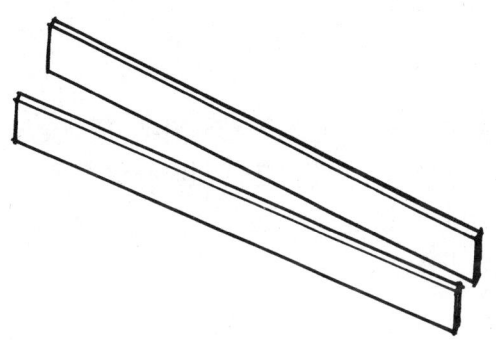

图 5-14

不相容的形式相叠加会造成对立的形式，即是把一种物体放置到与其明显无关的另一物体之上。

例如，在一个弯曲的种植床或地面弯曲的线条上叠加一个带垂直拐角的直线形的座凳，如果不把座凳当成一个整体去观察，那些相互交叠的点就会成为景观中引起紧张的点。如果把它们看作一个个独立的空间，或许会协调一点（图 5-15）。

图 5-15

在新加坡的某步行商业街（图 5-16）中存在着几种对立的形式：曲折的墙、直线形的镶边、不规则的石头边界、直线形的台阶、三种不同的铺装模式。所有这些以一种古怪的、非理性的关系混合在一起。没有任何统一。或许打破这些规则后才能创造出奇怪的模式。

图 5-16

这一具有顽皮特点的铺装（Del Mar，加利福尼亚州，图 5-17）展示出对严谨的结构的轻率抛弃。

图 5-17

解构

它是故意把物体或空间设计成一种遭破坏、腐烂或不完全的状态。或许它仅仅是抓住人们视线的秘密武器，或许它根植于最初的设计概念和目标之中。尽管这种方法可能超乎寻常，但它绝非新鲜物。很多英国古典园林中就有这种"腐蚀"的结构以表达久远之感（图 5-18）。

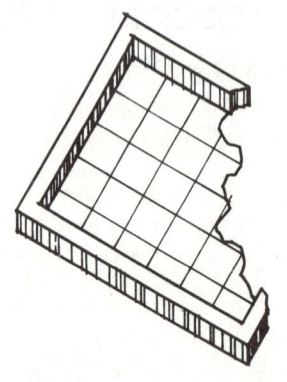

图 5-18

在德国斯图加特这一现代园林中（图 5-19），墙上的一些砖块被精心摆放，以创造一种结构分散的感觉。诚然，砖块与周围的草坪不相容，但由墙上的洞和地上的砖组成的无规律整体也形成了一种有趣的景象。

图 5-19

德国辛德芬根的这个石头园（图 5-20 和图 5-21）不仅使用了各种形状、质地和色彩的岩石，也通过一块部分埋入地下的倾斜立方体石块来表达一种内在的含义。靠近一侧是弯曲的断裂水泥步行道，它不具实际功能却能作为立方体石块的补充。它们放在一起能激起人们对那不可见的地球引力的遐想。

图 5-20

图 5-21

这一倒下的方尖碑（图 5-22）也是用动态过程表达静态效果。与墙体相交处，方尖碑故意产生一条裂纹使这一纯粹的直线变成了略带弯曲，不难想像似乎是下落过程中把它放置那儿的（德国，辛德芬根）。

图 5-22

采用外观新颖的材料和熟悉的结构营造出古老的、破损的、部分毁坏的、衰败的景观，从而给人以摇摇欲坠的感觉是设计师追求的一种目标（图 5-23）。这种手法对想表达毁坏含义的设计如战争、地震、侵蚀、火灾等具有增强效果（新西兰，惠灵顿）。

图 5-23

这堵墙（图 5-24）和相应的建筑可作为破坏性建筑形式来欣赏，或可提醒人们这里是地震易发地区（新西兰，惠灵顿）。

图 5-24

社会和政治景观

没有决策者对 1970 年代加利福尼亚州伯克利人民公园的设计负责任（图 5-25～图 5-28），这个公园的形式反映了一种社会现象。大学校园附近的半个城区曾经满是泥泞，闲置多年。突然，在无人组织的情况下，市民们开始自发改善这一地区。凹凸不平的地面铺上了草坪，添置了游乐设施并种植了蔬菜。这是一段狂热的建设时期，没有规划、无人指导。如果按照人们习惯接受的准则来衡量，这远称不上完美的设计。然而，由于大家共同参与劳动和玩乐使这一地区变得生机勃勃，他们认为这是有用的、美丽的，这就是社会和政治景观。对多数人来说这个公园是十分成功的设计，但这一景观仅维持了短短几周时间，对当权者来说这种违背常规的做法是不能接受的。这一公园被取消，其形式变为传统的（却是不实用的）修剪整齐的草地和一个球场。

图 5-25

图 5-26

图 5-27

图 5-28

这是1989年德国法兰克福国家花展中（图5-29和图5-30）一个以反映环境退化为主题的花园，左半部展示了宜人的繁茂绿地，右半部却是一副毁灭景象。该景观传递了某种社会学信息，它吸引人吗？不。实用吗？不。它会引起争议吗？的确如此！

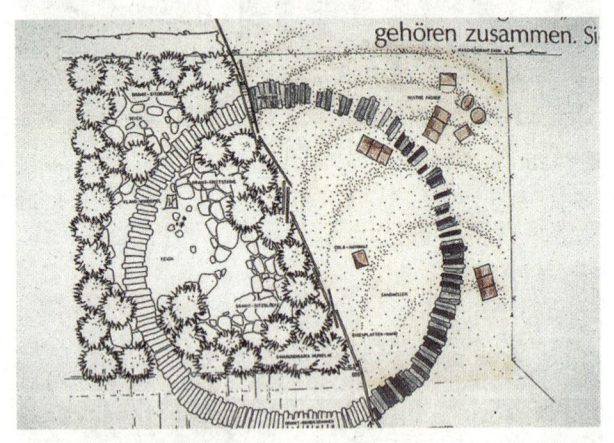

图5-29

图5-30

标新立异的景观

我们所说的标新立异是指那些不同寻常却没有危害的设计师，他们同样富有创造性和充满活力。他们设计的作品常常不合常规甚至打破常规，在形式、色彩、质地方面包含一些"疯癫的"有趣成分。

这座私人建筑平台有一剧烈的斜坡，并用高低不平的支撑物与家具结合（图5-31），墙体顽皮地用各种砖石和包括茶杯在内的陶瓷制品砌成（图5-32）（新西兰，奥克兰）。

图5-31

图5-32

卵石和五颜六色玻璃是华盛顿州西雅图这座花园的基本镶饰材料（图5-33～图5-36）。

图 5-33

图 5-34

图 5-35

图 5-36

变形和视错觉的景观

空间的视错觉在室外环境设计中非常有用。狭长空间的末端可通过空间形式和垂直韵律的控制而拉近或推远（图5-37）。

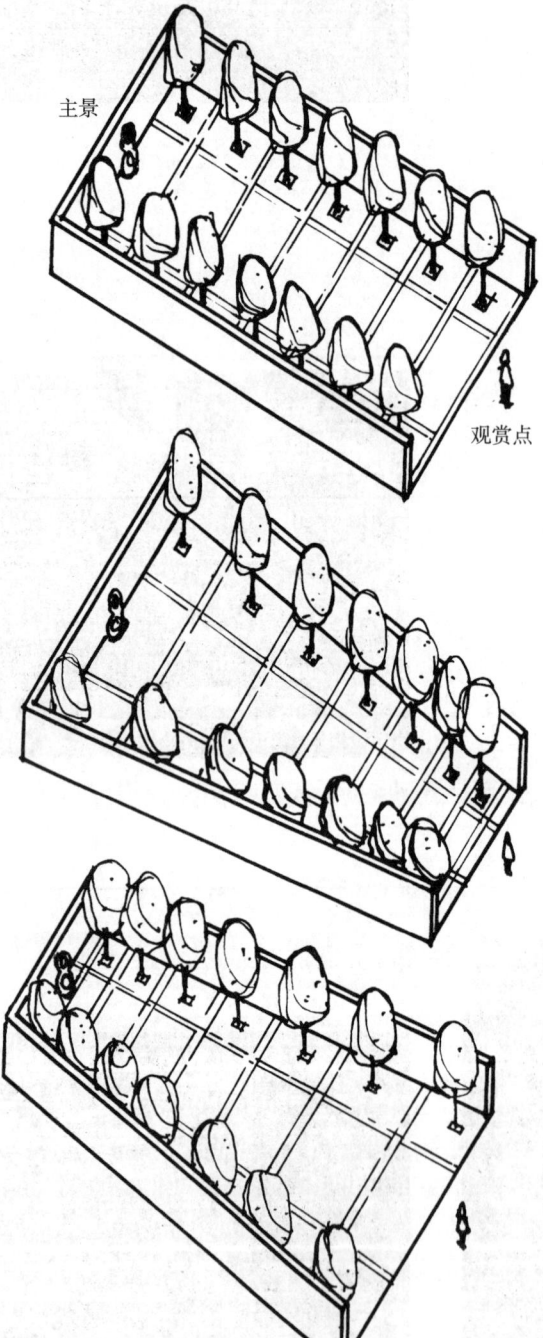

景观元素正常地位于矩形框架内

主景

观赏点

景观元素向前收缩

主景显示拉近

景观元素向后收缩

主景显得变远

图 5-37 透视错觉

新西兰惠灵顿有一些给人留下深刻印象的壁画作品。

一块闲置的地皮因墙体上部空间和漂浮的海贝引起幻觉而呈现一派海洋景观（图5-38）。

图 5-38

从前面看这座古老的建筑右侧正面扁平（图5-39）。

图 5-39

但直接看这一正面时一个崭新的世界展现在你的面前（图5-40），设计师捕捉了韦尼蒂安（Venetian）广场和运河强有力的透视深度，烟囱被安置于立柱顶部，其投影进一步增强了这一空间的幻觉。

图 5-40

这座城市还有其他几处采用空间错觉手法装饰的古老建筑（图5-41～图5-44）。

图5-41

图5-42

图5-43

图5-44

扭曲变形就是熟悉的物体应用时改变它们正常的方式、位置或彼此联系。这座人体模型花园（图5-45）可能会冒犯很多人或使他们反感，并且功能性也不强，但观察者都会对这一连串违背常规的做法惊诧不已（德国，法兰克福）。

图5-45

在图 5-46 中，这座植物迷宫的设计者在玩尺度变形的游戏（德国，法兰克福）。

图 5-46

似乎不可能，但是这些圆形石头不知怎地竟然支撑起来形成花园的拱门（图 5-47）。实际上这很安全，设计的效力在于给人以结构脆弱（即极易坍塌）的错觉（新西兰，拉塞尔）。

图 5-47

没遇到过思路梗堵或者从未发现自己一直都不断地重复使用那些自己用惯了感到舒服的方案的设计师是罕见的。是丢弃那些陈旧观念的时候了，诸如"这种方法在过去很有效所以在这儿我仍要采用同一种方法""这事做不了"或"他们永远不会购买"等。是该对自己说"如果……会怎样？为什么不……？……又怎么样？一定有更好的方法做这件事……虽然奇怪但让我们试一试吧！"的时候了。

在这具挑战性的设计风格中，设计师故意使景观给人带来不平静的感受，观赏者会感到平衡失调和忐忑不安。这种设计可能会挑战人们的信仰或粉碎人们的期望。不协调景观的使用要有一定的度，在不该应用的场合应用尤其要注意。应用这些设计更为重要的意义在于设计师肩负的挑战传统法则的责任。

以下用七个项目举例说明了从概念到形式的发展过程。这些实例都是本书作者设计的。

在每个案例介绍的开头都是项目设计问题的总结，叫做**设计说明**。其中列出了由业主需求和场地分析所决定的设计目的、各种几何图形主题或者自然主题以及对于主要相关设计原则的说明。

第一个图解为**概念平面图**，其中表达了使用者的功能需要，及其分布与场地及其他功能的大致关系。

接下来的是**主题构成图**，展示用来组织设计的根本主题。如在第二章中所讨论的，设计通过混合从概念平面图和主题图案中得到的空间信息来具体化。设计师必须在各层间来回考虑使它们可视化。而且，设计师需结合第四章中列出的设计原则，所以设计在某种程度上是一个循环的过程。

有些项目还附有"**形式演变图**"。这是一个深入细化主题构成图的中间过程。

"**最终平面图**"是在准备施工文件之前，最后需要递交给业主的图纸。因此场地平面材料和景观结构需要标明，同时需要标明植物配置概念。

在"最终平面图"之后是案例的**照片**，展示空间的特点、竖向关系、色彩和质感组合，照明质量和其他的平面图不能清楚表达的设计图像。

项目1　银色拱门雕塑花园

设计说明

主要设计目的

- 成为一个让人有着异想天开发现的花园，让人有意外发现的可能，在这里可以通过偶然和探索得到有价值的经历。
- 是一个对所有年龄层都有吸引力的好玩的地方。
- 提供创造、搜集和展示三维艺术的机会。
- 允许这里成为一个处于过程中的地方，适应变化，永远没有被完成。
- 提供安静的、个人的反思的机会，同时也提供活泼群体活动的机会。
- 创造有所不同的东西。有点古怪或者混乱都没有关系。

结构主题

90°/矩形主体（露台、庭院和建筑旁边的墙）
蜿蜒的（草坪区域）
螺旋形（焦点区域）
轻微的蜿蜒或者波浪形（水边或者连接处）

设计原则

趣味性　对于首次来访者，首先吸引他们的趣味性来自薄层的水流拱门，它给人造成静止的错觉但实际上是流动的。它在邀请来访者参与其中。玩乐中打断的水流改变了水流展示的特点。当水流在青蛙嘴里消失的时候产生一种神秘感。当晚上光照在薄层的水流上、各种雕塑及不同质感的地面上，又展示出一种新的趣味性。在这里可以发现很多有趣的玩法。一个50英尺（约15m）高的秋千、一个摇晃的吊床、一些隐藏的步道、隐蔽的景点和各种雕塑有策略地分布在花园中。富有野性的形状和空间边缘展示着无秩序性。

强调　在场地的中心是各种水体元素形成的视觉焦点。与之互补的是地面，地面终点与薄层水拱门出口的螺旋形铺装相呼应。让人产生出一种水拱门注进了池塘的错觉。事实上，它们是分离的系统：水拱门是消毒的，而池塘是生物平衡的。就像小说中的辅助情节，很多雕塑也都有他们自己的"陪衬情节"：一只蜥蜴在岩石上日光浴，池塘中有一只鳄鱼在隐藏着、等待着，两只在墙上争吵着。

统一与和谐　整个有趣的主题使明显的无序统一化。统一在一定程度上来自一种形式向另外一种形式的和谐过渡。

空间特点　在平面图上不是很明显，实际上空间有着很多的标高变化。最高点为露台。空间从这里开始向车库逐渐降低，然后向大草坪和螺旋庭院急剧降低。小露台和高处的铺装地面是更加适合私人思考的空间。在低处，兴趣室标高处空间就变得开阔和更加适合大的团体活动了。

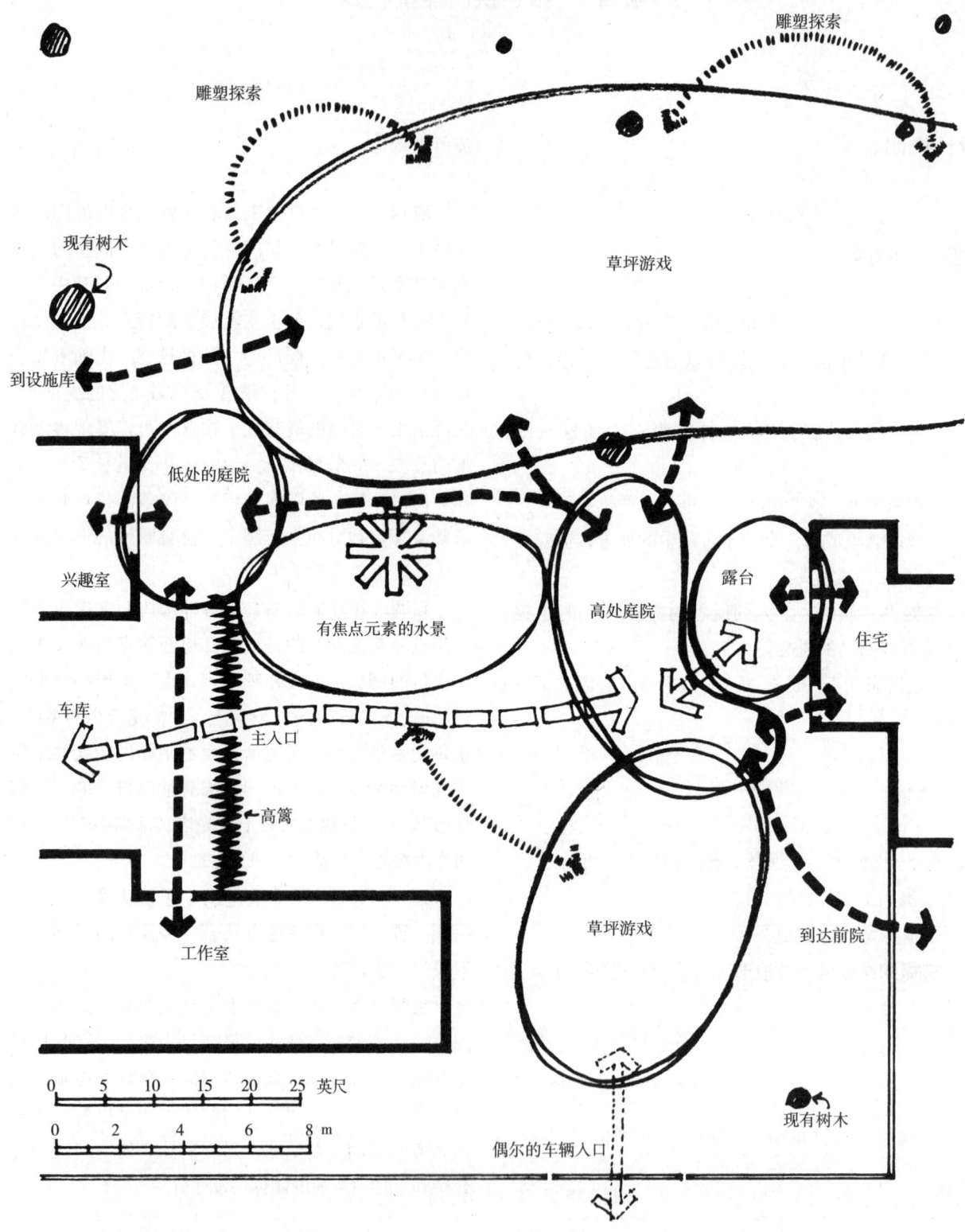

雕塑探索

雕塑探索

现有树木

草坪游戏

到设施库

低处的庭院

兴趣室

有焦点元素的水景

高处庭院

露台

住宅

车库

主入口

高篱

工作室

草坪游戏

到达前院

| 0 | 5 | 10 | 15 | 20 | 25 | 英尺 |

| 0 | 2 | 4 | 6 | 8 | m |

现有树木

偶尔的车辆入口

图 6-1 银色拱门雕塑花园，概念平面图

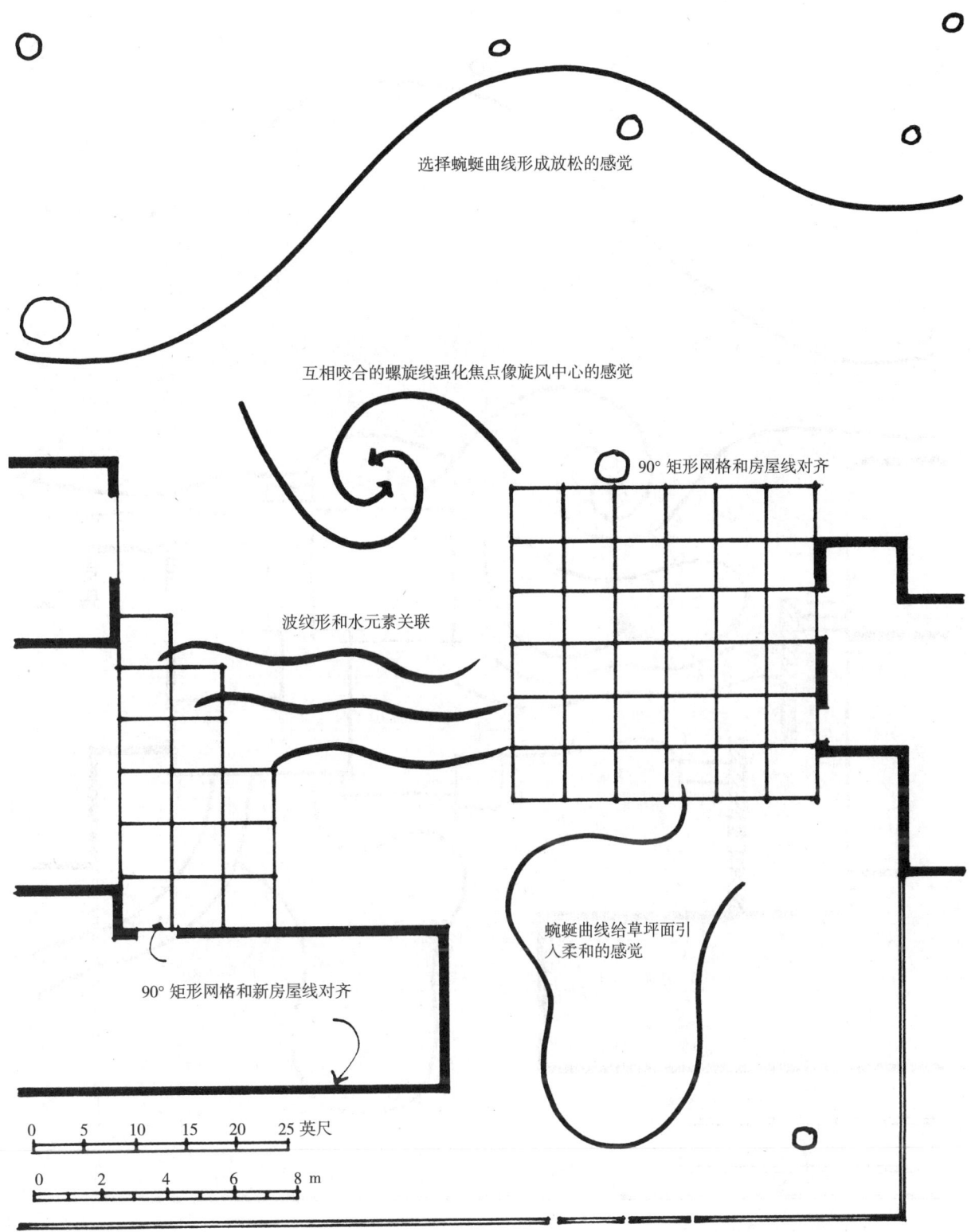

选择蜿蜒曲线形成放松的感觉

互相咬合的螺旋线强化焦点像旋风中心的感觉

90°矩形网格和房屋线对齐

波纹形和水元素关联

蜿蜒曲线给草坪面引入柔和的感觉

90°矩形网格和新房屋线对齐

0　5　10　15　20　25 英尺

0　2　4　6　8 m

图6-2　银色拱门雕塑花园，主题构成图

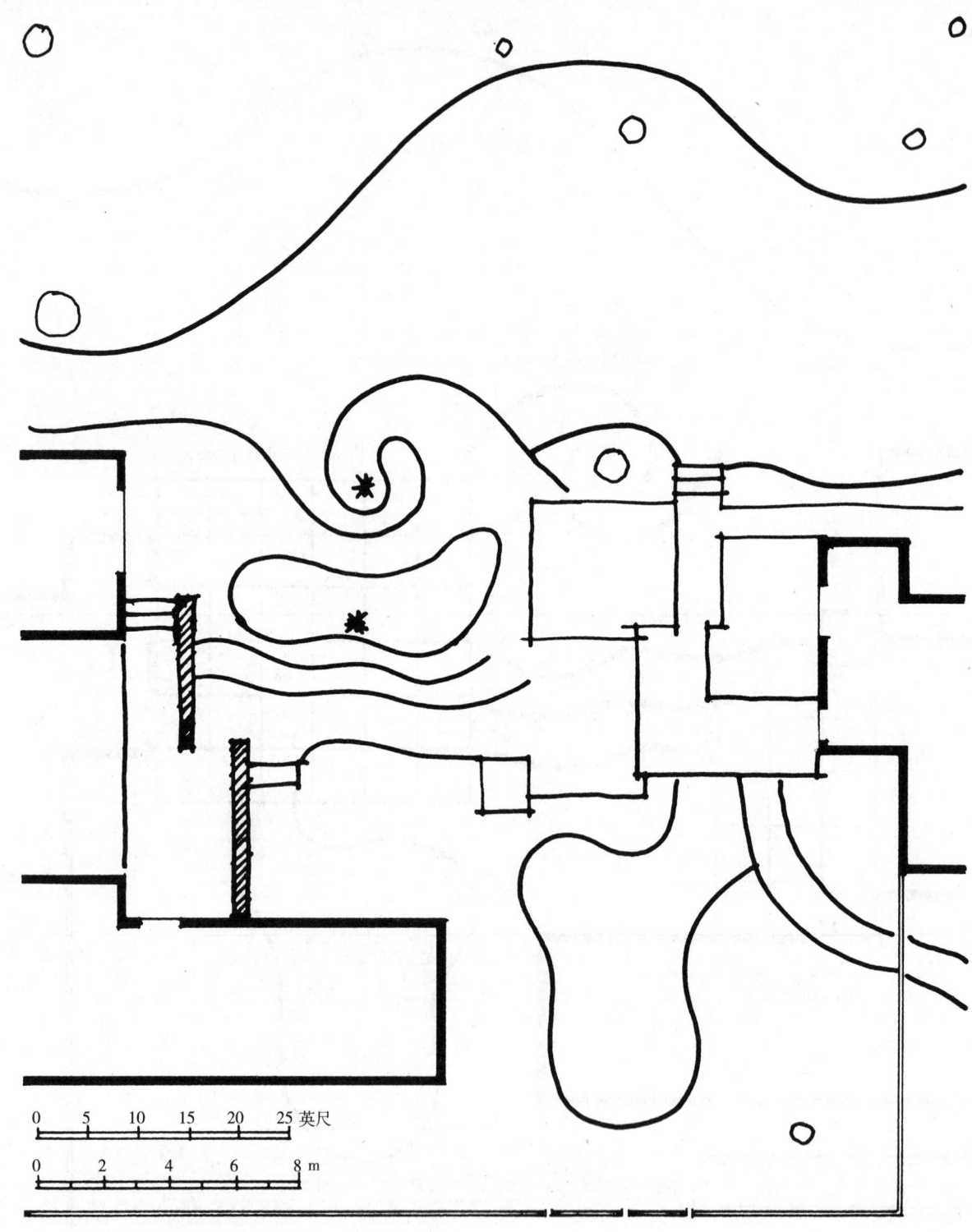

图6-3 银色拱门雕塑花园，形式演化图

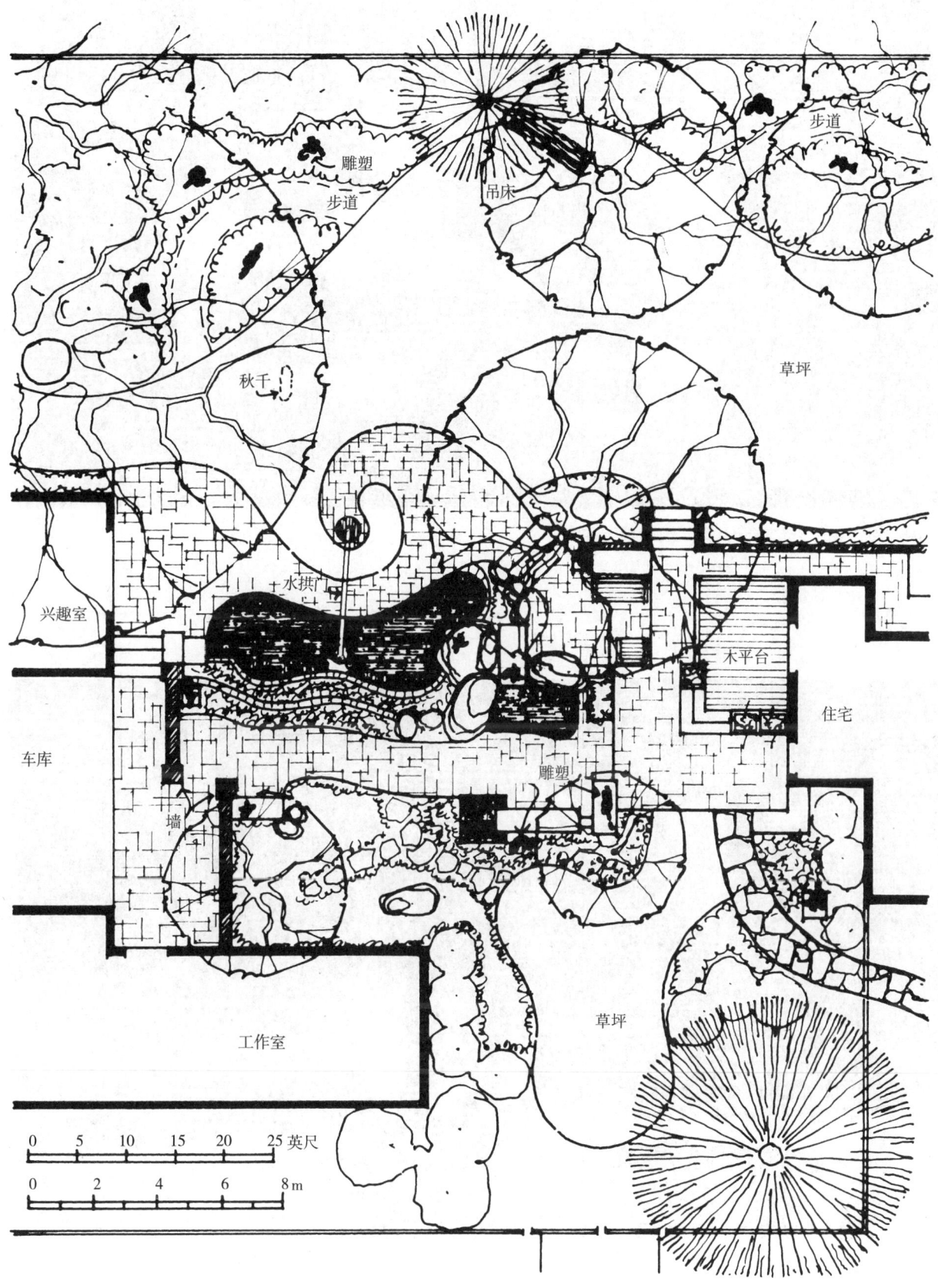

图6-4 银色拱门雕塑花园，最终平面图

图6-5　银色拱门雕塑花园，从露台上面的阳台俯视

图6-6　银色拱门雕塑花园，从兴趣室向上眺望露台

图 6-7　银色拱门雕塑花园，薄层的水流拱门从螺旋形中心流入青蛙雕塑

图 6-8　银色拱门雕塑花园，从后面看向兴趣室夜景

项目2　圆形主题庭院

设计说明

主要目的

- 为员工工作休息时间提供一个舒服的室外环境。
- 为偶尔的正式室外会议或者庆祝提供一个空间。
- 为附近的高层建筑的阳台和窗户提供一个有趣的鸟瞰景观。
- 利用现有的废弃游泳池的洼地。

结构主题

圆形是基本的主题。圆形用来暗示平等和没有等级，借以形成没有威胁的非正式的环境用来交流思想。

有机形式的边界为次主题。

设计原则

规模　宜人尺度但是要足够大能够容纳 20 ~ 30 人群体。

对比　圆形和现有的直角边组成的墙形成对比。种植作为过渡空间是必要的。

兴趣　不同大小的圆形和各种植物材料。

统一　圆形的简单重复形成了总体协调一致的景观。

主景和层次结构　在场地的中心是主要的焦点元素：自然的溪流和池塘。三个圆形的层次结构为两个大些的圆形用来容纳两组人数多的使用者，而小圆形容纳亲密的小群体。所有的群体都使用整体座椅。

和谐　种植植物形成缓冲空间来形成内部圆形和外部直线形墙对比的过渡。所有与墙和边缘相接的铺装都采用 90° 交接。

空间特点　小、中、大空间序列服务于不同的使用者。丘状的圆形草地形成室外舞台的效果。池塘旁边的下沉式台阶区域使围合最大化。

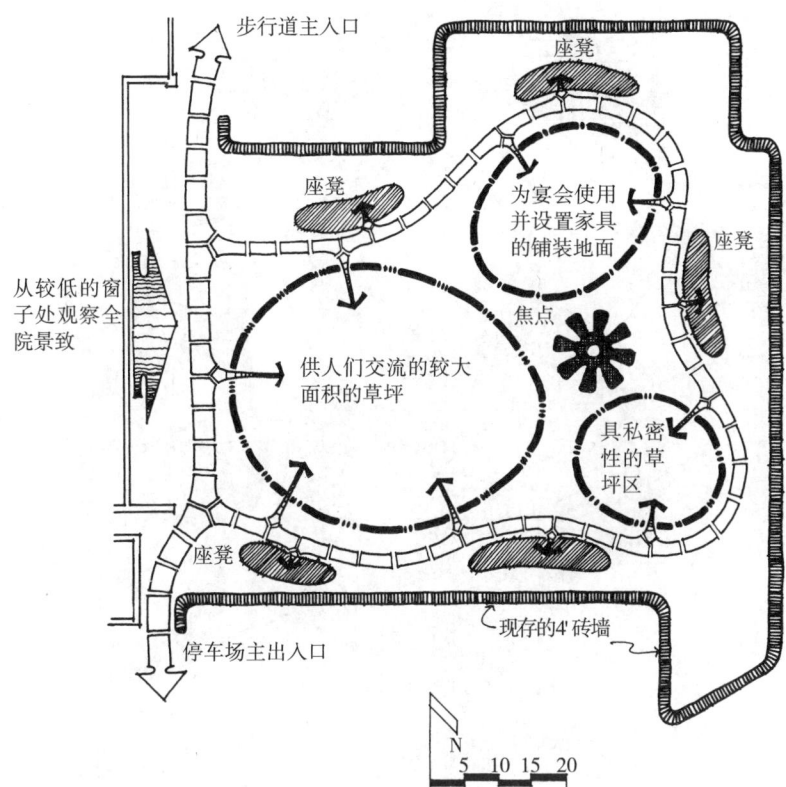

图 6-9　圆形主题的庭院，概念平面图

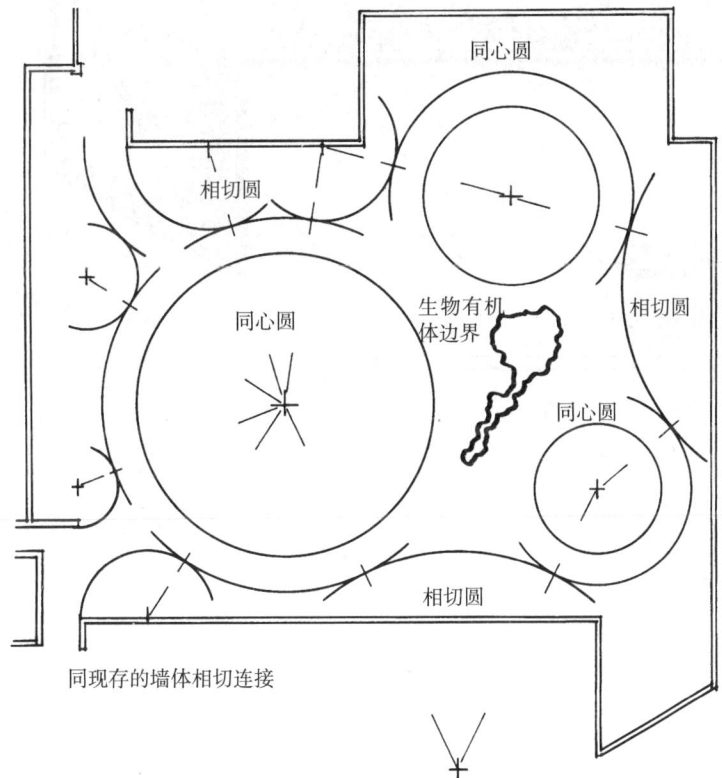

图 6-10　圆形主题的庭院，主题构成图

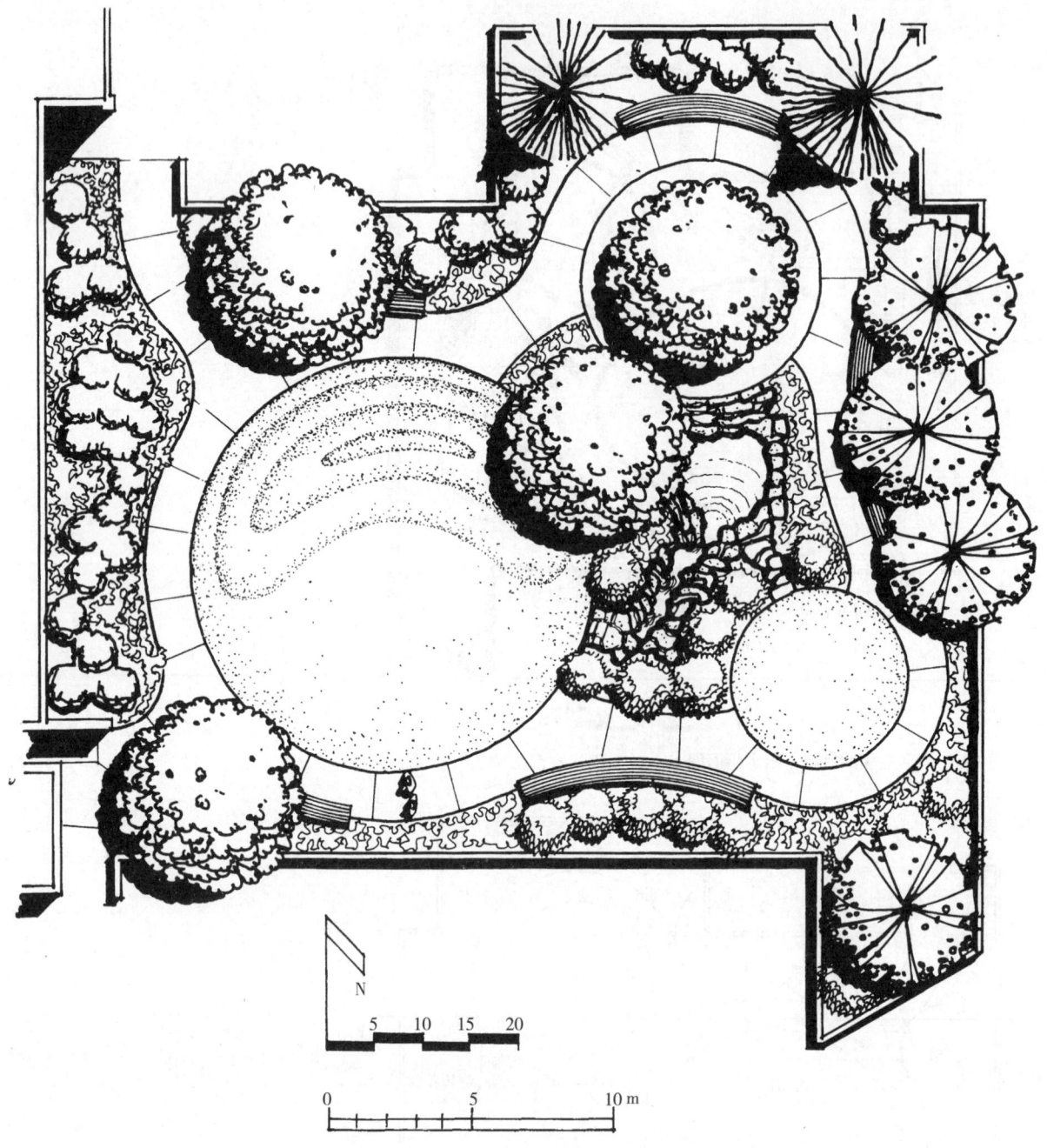

图 6-11　圆形主题的庭院，最终的设计方案

图6-12　改造前的圆形主题的庭院

图6-13　从三楼办公室视庭院

图 6-14　圆形主题的庭院，溪流作为焦点景观

图 6-15　圆形主题的庭院，从视线高度看两个小圆形

项目3　角落地块花园

设计说明

主要目的

- 为休闲和自由活动创造有用的空间。
- 不设围栏，但要保证有一定的私密性。
- 用台地和植物加固前院的斜坡。
- 保护现存的大树。

主题构成

135°/斜线网格（前车道和入口）
90°矩形网格（前院平台，后院天井）
蜿蜒曲线（种植床）

设计原则

主景　春季和夏季的花卉将是主要的景观。两株大树占据后院大部分面积。一个小喷泉成为天井中的焦点。

尺度　提供家庭生活、亲密接触的尺寸，适宜较少的人群。

趣味性　植物材料的质地和颜色为不同季节提供了趣味性。

统一性和协调性　室内外空间直接相连，并平滑地延伸到其他景观中。房屋的砖墙和四周的木质材料同景观中的砖墙、平台和遮挡物的材料相协调。草坪从前院一直无间断地延伸到后院，并同邻居家的院子相连。

设计特点：入口处设计了一片向后回退的空间，并通过立柱和顶篷使之更加突出。它还通过标高和方向的变化在前门处形成开阔的空间。在后院，篱墙定义了内外空间的边界，现存的树木提供了很大的遮荫空间。一段小台阶连接着下沉式天井内封闭的私密性空间。

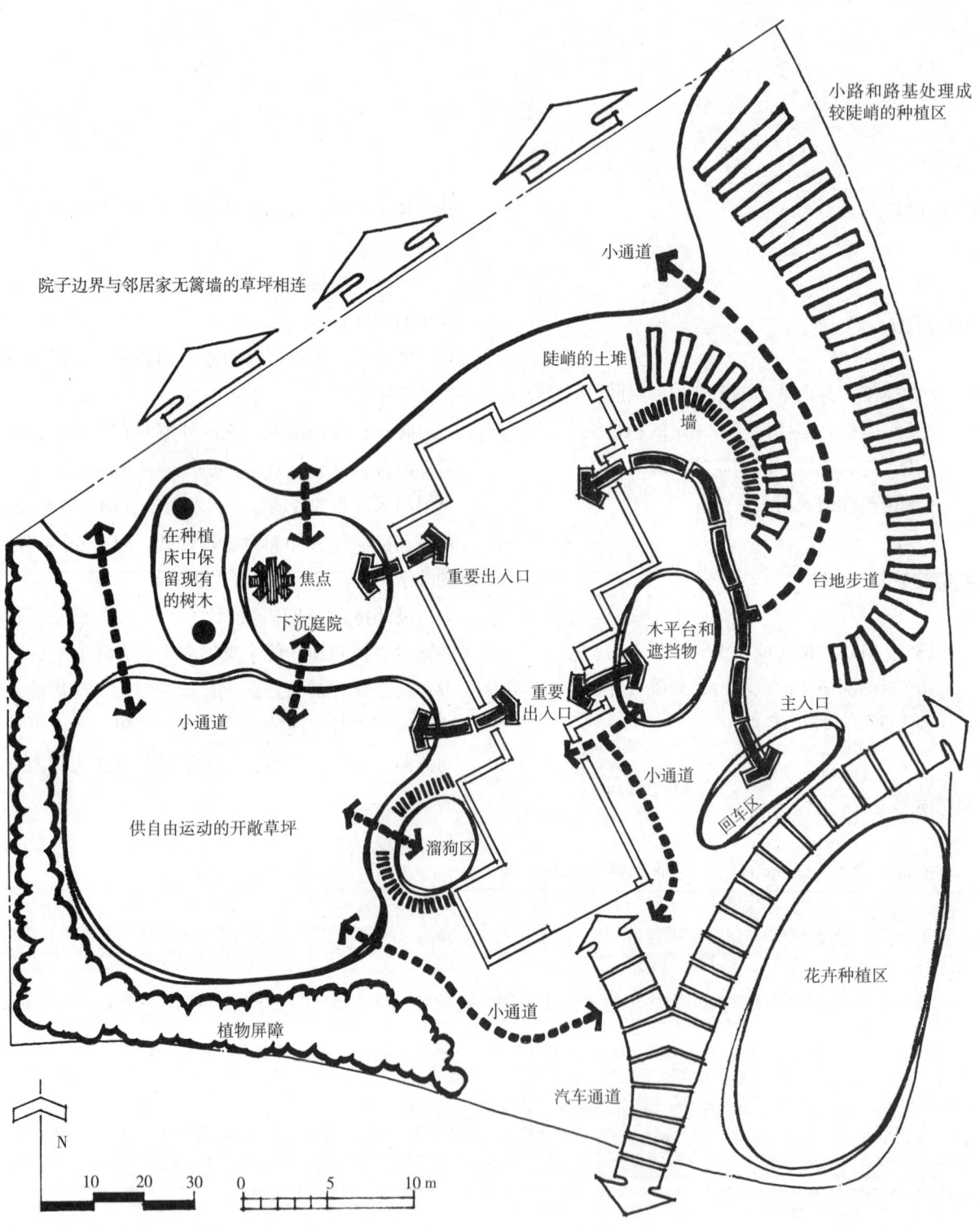

小路和路基处理成
较陡峭的种植区

院子边界与邻居家无篱墙的草坪相连

小通道

陡峭的土堆

在种植
床中保
留现有
的树木

焦点

下沉庭院

重要出入口

墙

台地步道

木平台和
遮挡物

重要
出入口

主入口

小通道

回车区

小通道

供自由运动的开敞草坪

溜狗区

花卉种植区

小通道

植物屏障

汽车通道

N

10   20   30   0   5   10 m

图 6-16　角落地块花园，概念性方案

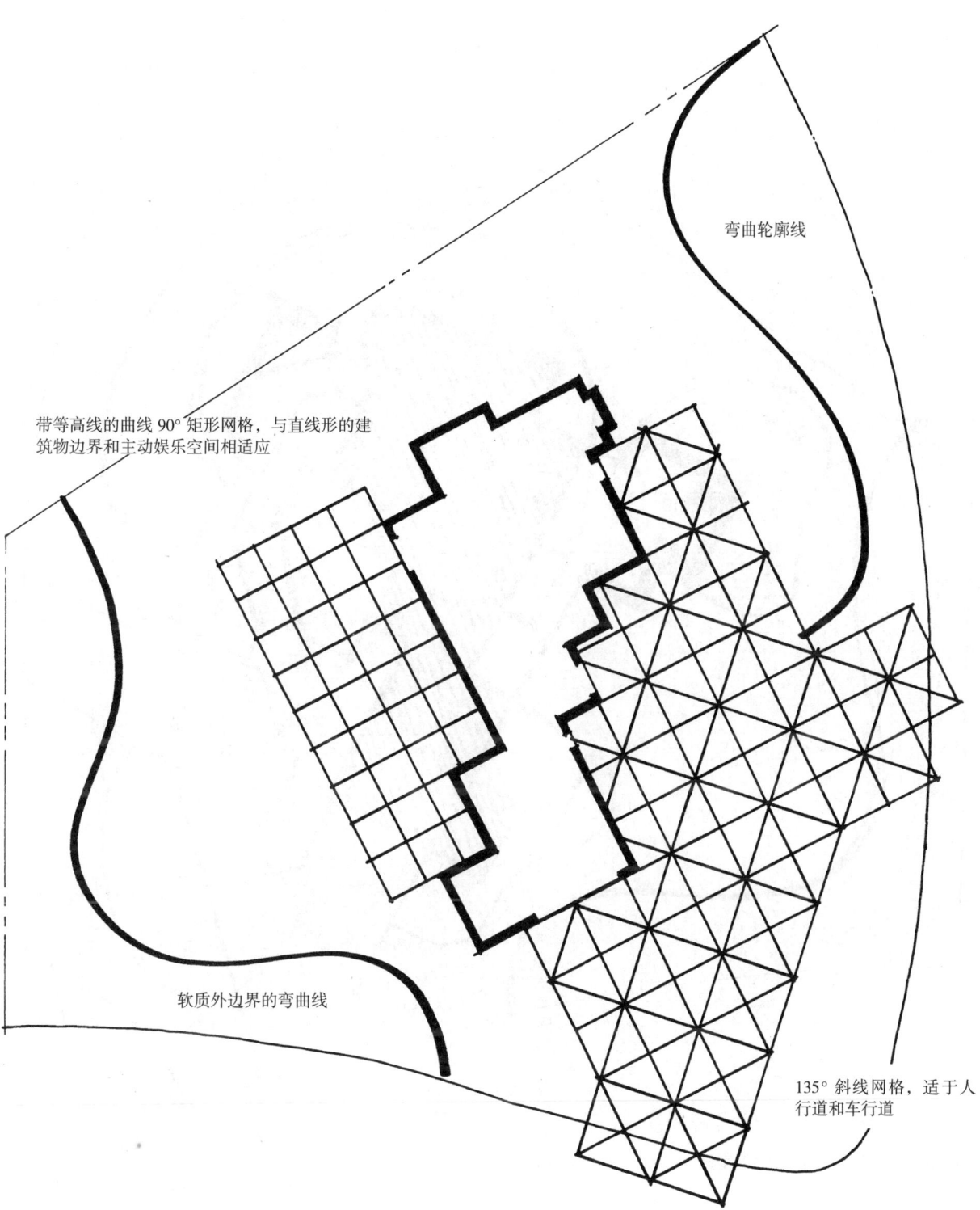

弯曲轮廓线

带等高线的曲线 90° 矩形网格，与直线形的建
筑物边界和主动娱乐空间相适应

软质外边界的弯曲线

135° 斜线网格，适于人
行道和车行道

图6-17　角落地块花园，主题构成图

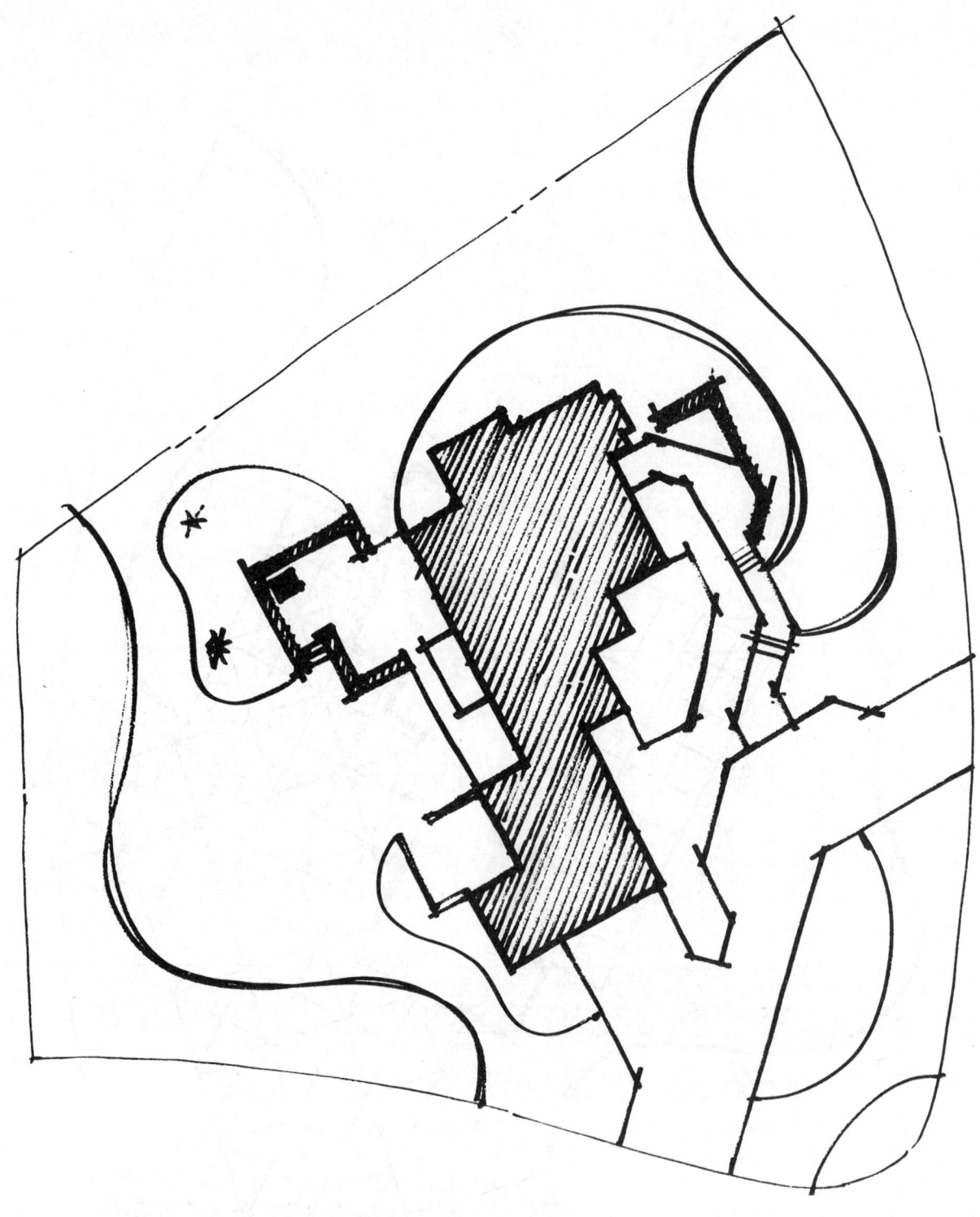

图 6-18 角落地块花园，形式演变图

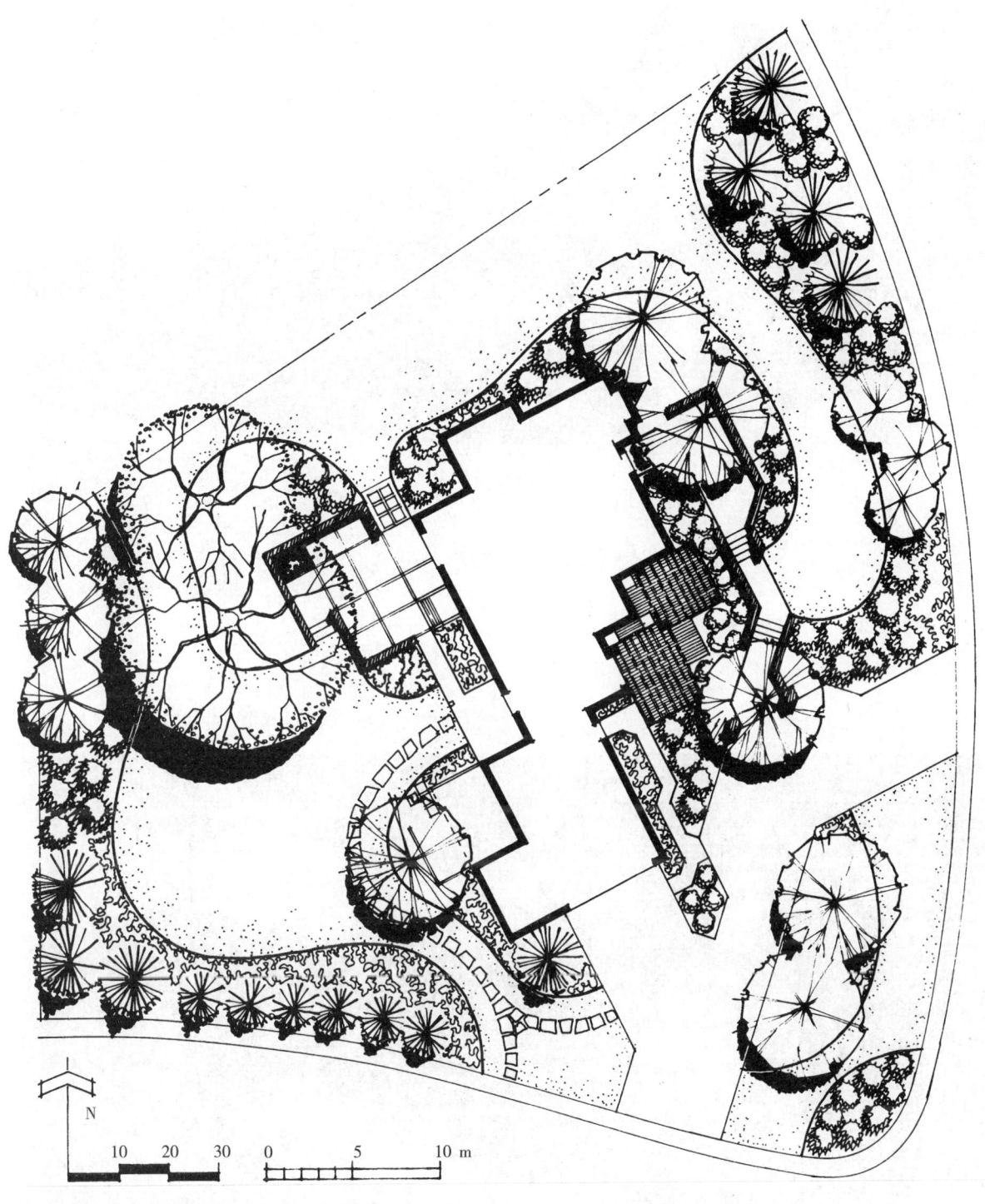

N

10　20　30　　0　　5　　10 m

图 6-19　角落地块花园，最终的设计图

图 6-20 角落地块花园，面向东面街道的立面

图 6-21 角落地块花园，步行入口通道

图 6-22 角落地块花园，后院平台

图 6-23 角落地块花园，带有步石的后院草坪

项目4　娱乐泳池

设计说明

主要目的

- 满足主人关心的安全和私密性要求。
- 东面留出开阔的视野。
- 留出三层建筑的位置，尽可能地扩大可使用的空间。
- 营造与象征成功意境的建筑物相匹配、融合的景观。

主题构成

基本主题

135°／斜线网格（后面和湖边）

圆和切线（行车道）

次要主题

生物有机体边界（岩石墙）

蜿蜒曲线（草坪边界）

设计原则

主景　白色为主色调，不同形式和温度的水为主要元素，下落的水花和水声形成主要情趣。

尺度　在前入口和后面的休闲区之间用大树作为较大的建筑和人体尺度之间的过渡。步行道沿着车行道有规律地布置，使之在视觉上似乎缩小了尺度。

对比　白色的建筑元素与黑色的自然元素（石、植物、地面覆盖物）的边界形成强烈的对比。

趣味性　遮阳篷和天井内的设施漆成淡紫色，格外引人注目。水的多种应用（波浪、瀑布、反射、池塘中升起的雾），季节性花卉颜色的变化，对焦点区域和顶篷轮廓线的强调。

统一性　建筑物的直线和斜线渗入到景观结构之中。

空间特点　汽车道使狭窄的入口得以过渡，并延伸到较宽的回车区。大门回退，留出外部空间，进门后是庄重的阶梯，而后是路面，直接伸进大厅。活动区利用一个次级平台形成私密空间。在后院，建筑物的侧面和陡峭的岩壁形成了较强的空间方向感。白色扩大了视觉空间。在岩壁对面形成半封闭的私密小空间，向池塘南部延伸。沿河岸微妙的地面变化强化了向外的方向感。狭窄的、不规则的台阶连接着较低的铺装路面和较高的草地活动区，引导人们不断探险的好奇心。

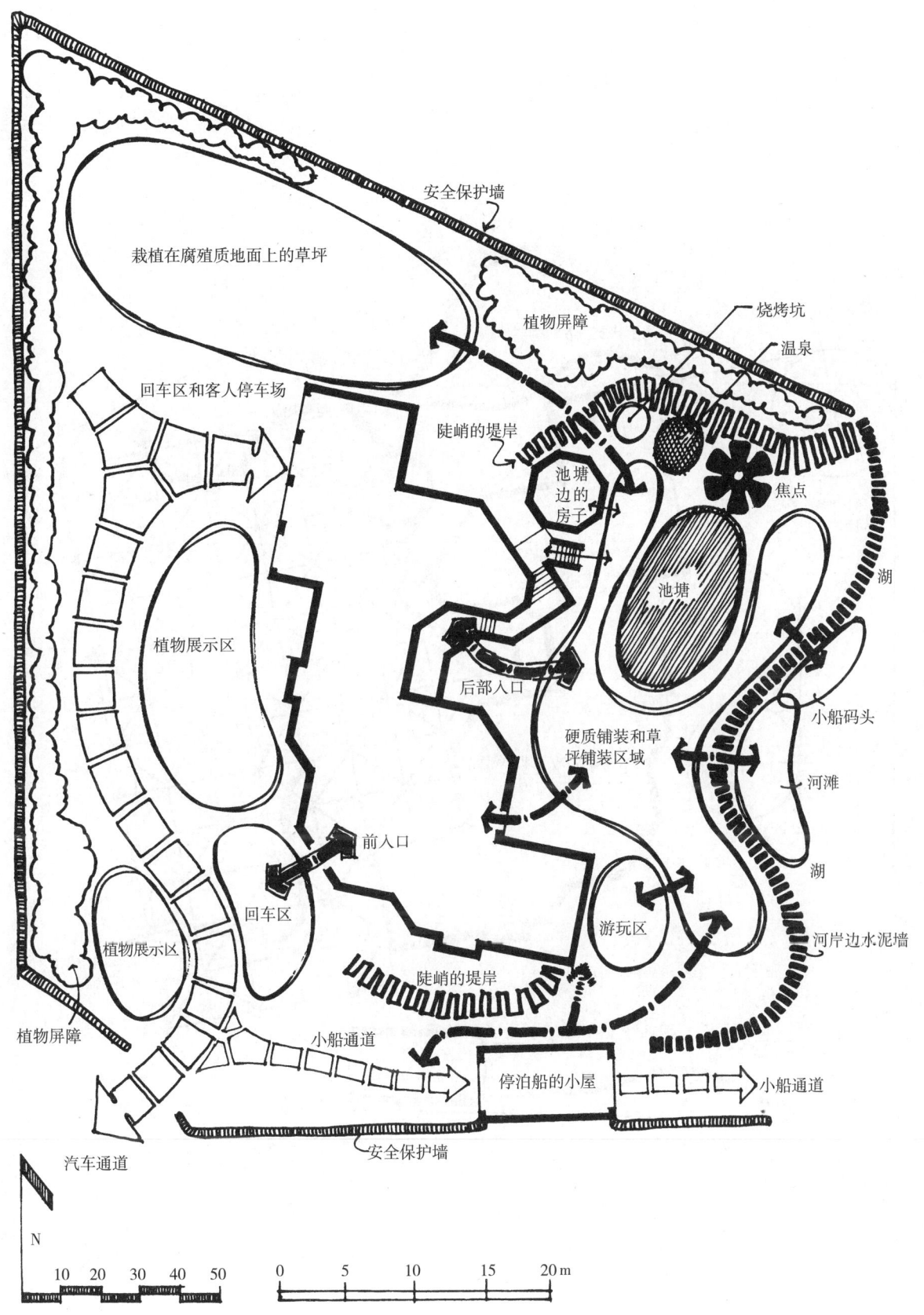

安全保护墙

栽植在腐殖质地面上的草坪

植物屏障

烧烤坑

温泉

陡峭的堤岸

回车区和客人停车场

池塘边的房子

焦点

湖

植物展示区

池塘

后部入口

小船码头

硬质铺装和草坪铺装区域

河滩

湖

回车区

前入口

河岸边水泥墙

植物展示区

游玩区

植物屏障

陡峭的堤岸

小船通道

停泊船的小屋

小船通道

汽车通道

安全保护墙

N

10 20 30 40 50

0 5 10 15 20 m

图 6-24 娱乐泳池，概念性方案

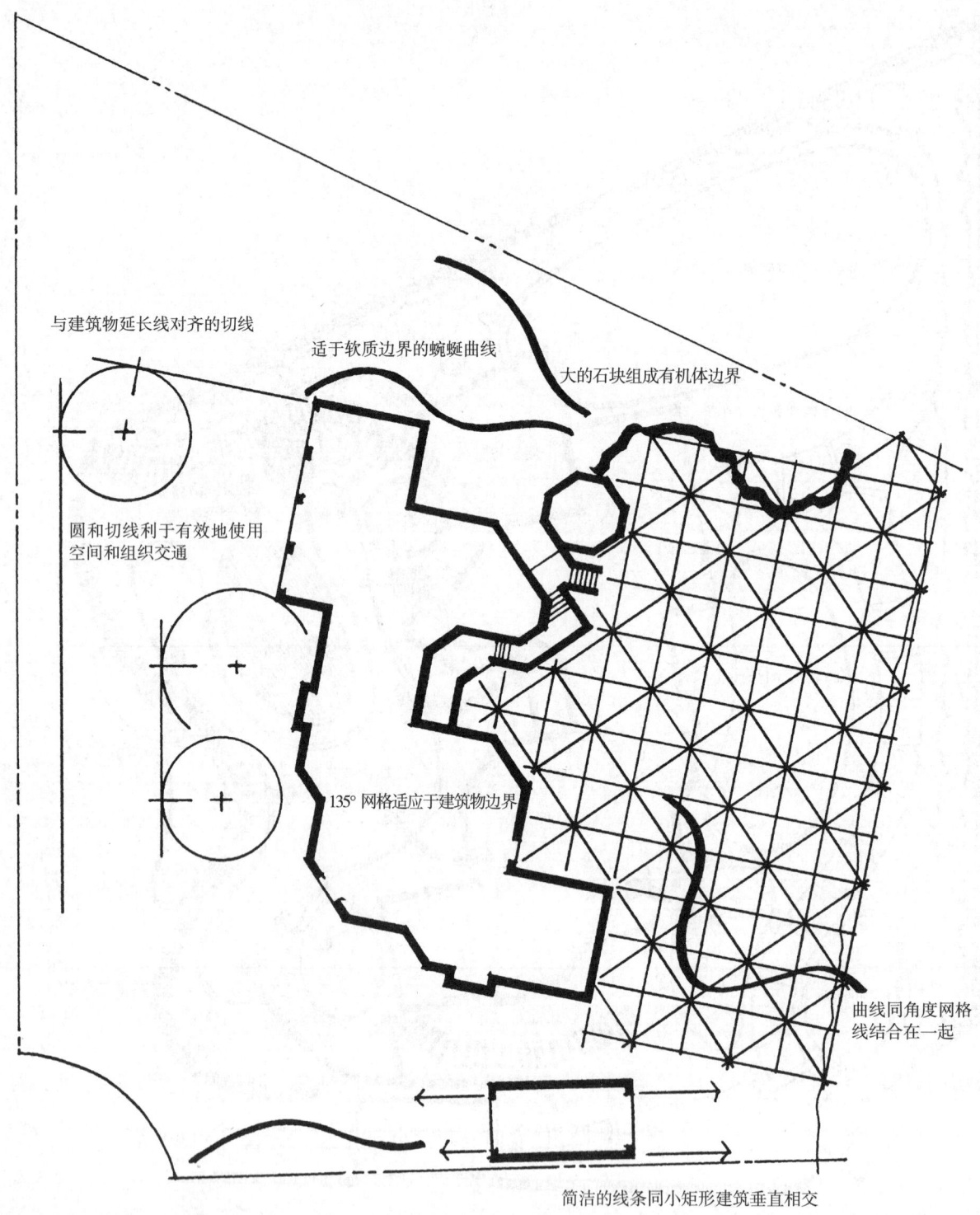

与建筑物延长线对齐的切线

适于软质边界的蜿蜒曲线

大的石块组成有机体边界

圆和切线利于有效地使用
空间和组织交通

135°网格适应于建筑物边界

曲线同角度网格
线结合在一起

简洁的线条同小矩形建筑垂直相交

图6-25 娱乐泳池，主题构成图

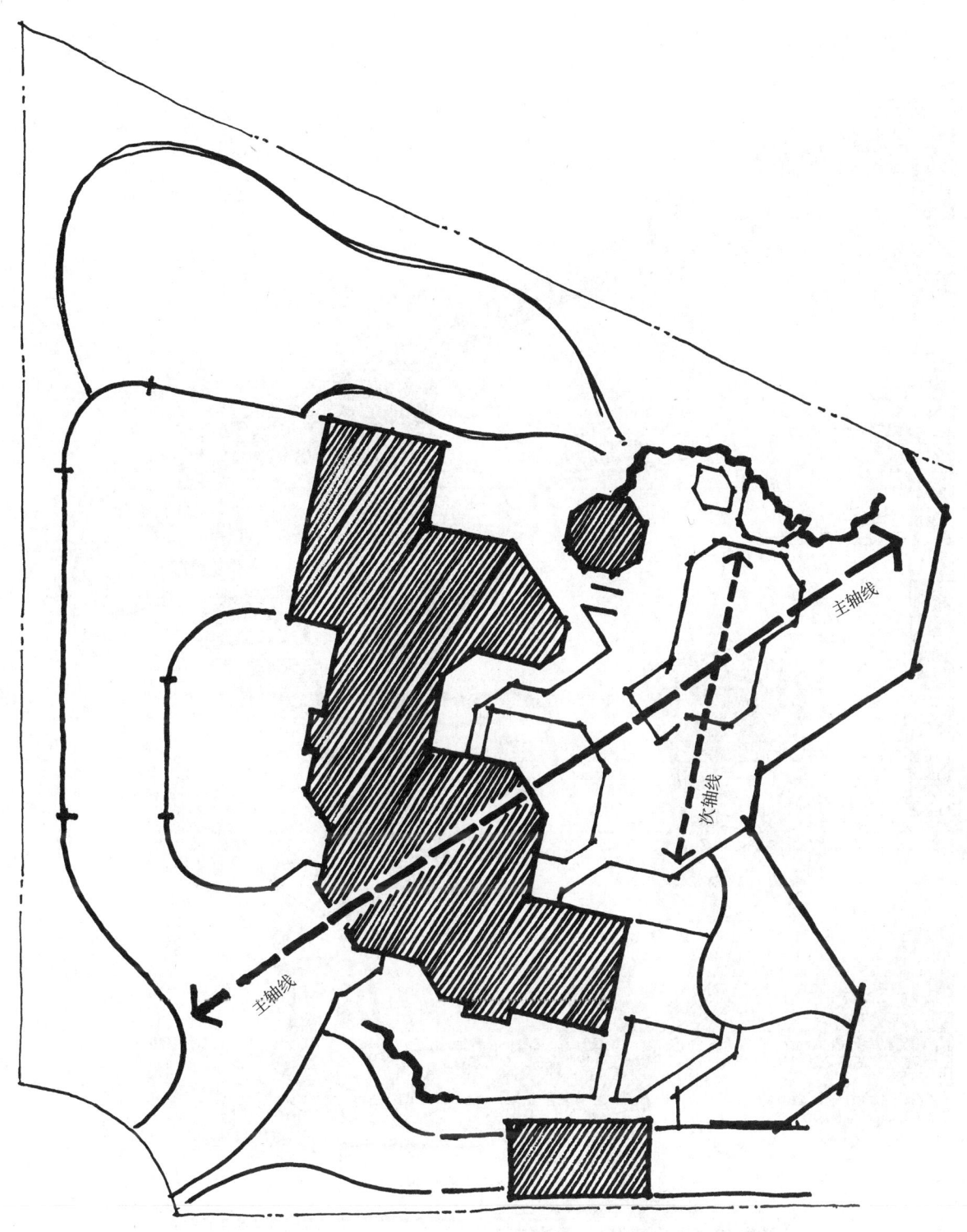

主轴线

次轴线

主轴线

图 6-26 娱乐泳池，形式演化图

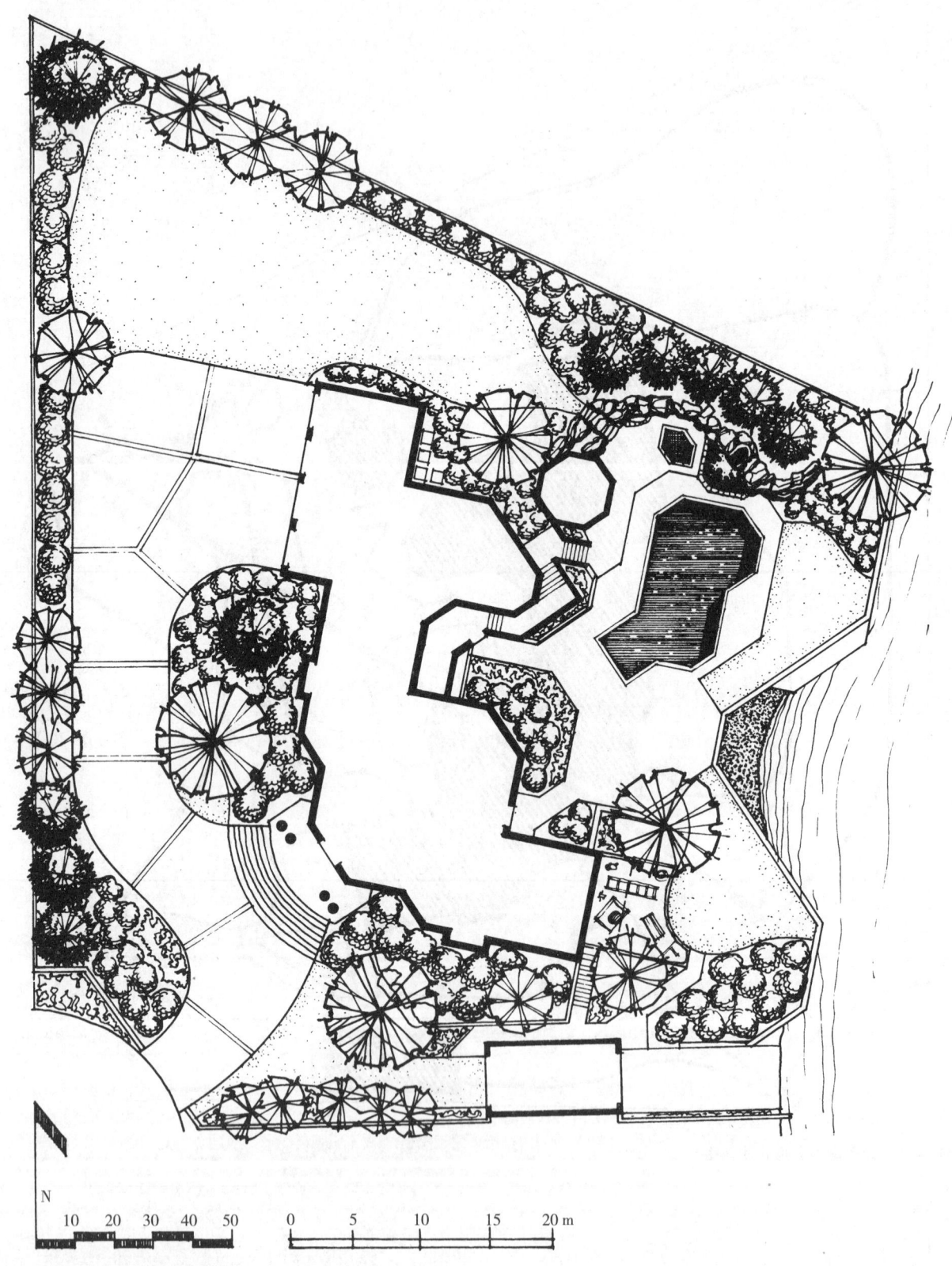

N

10 20 30 40 50   0   5   10   15   20 m

图 6-27 娱乐泳池，最终的设计方案

图 6-28　娱乐泳池，车道

图 6-29　娱乐泳池，游泳池景观

图 6-30　娱乐泳池，热水温泉（图中前景）冷水跳水池

图 6-31　娱乐泳池，主泳池左面的瀑布和假山

项目5　日式洗手钵的对话

设计说明

设计目的

• 建立一个业主与他的东方生意伙伴对话的场所。

• 创造平和、宁静的气氛。

• 强调一些自然材料，如岩石、植物、地形、水、圆木。

• 把经过加工的块石和经河水自然冲刷的石块结合在一起使用，以展示人与自然协调的思想。

• 象征性地表示已失的时间和无限的时间，用白色的碎石代表流动的河水，用绿色的草坪代表永恒。

结构主题

基本主题

有机体边界（大石块、阶梯石、"小溪"）

蜿蜒曲线（圆木墙、草地边界）

90°矩形网格（石板桥）

次要主题

六边形（园灯）

圆（石水钵）

设计原则

主景　滴水的石钵作为强烈的视觉焦点，同时减弱环境噪声的污染。座凳用大块的岩石充当。入口处由几盏雅致的园灯所点缀。

尺度　较小的私密尺度，适于一两个人活动。

对比　代表水的白色碎石与黑色的大石块相接；矩形的石板桥横卧在软质的圆石组成的边界之上；小鹅卵石细腻的材质同粗糙的大石块相对比。

趣味性　植物材料形式和质感的变化，季相的变化以及春、秋的色彩构成的一段段小插曲。

统一性　"溪流"和步行道是两个相互交织的具统一性的线形元素。反复使用被河水侵蚀过的石块，遍布全园。

空间特点　利用一个较宽敞的铺装空间作为狭窄的入口道路的过渡；利用台阶和台地改变水平空间。

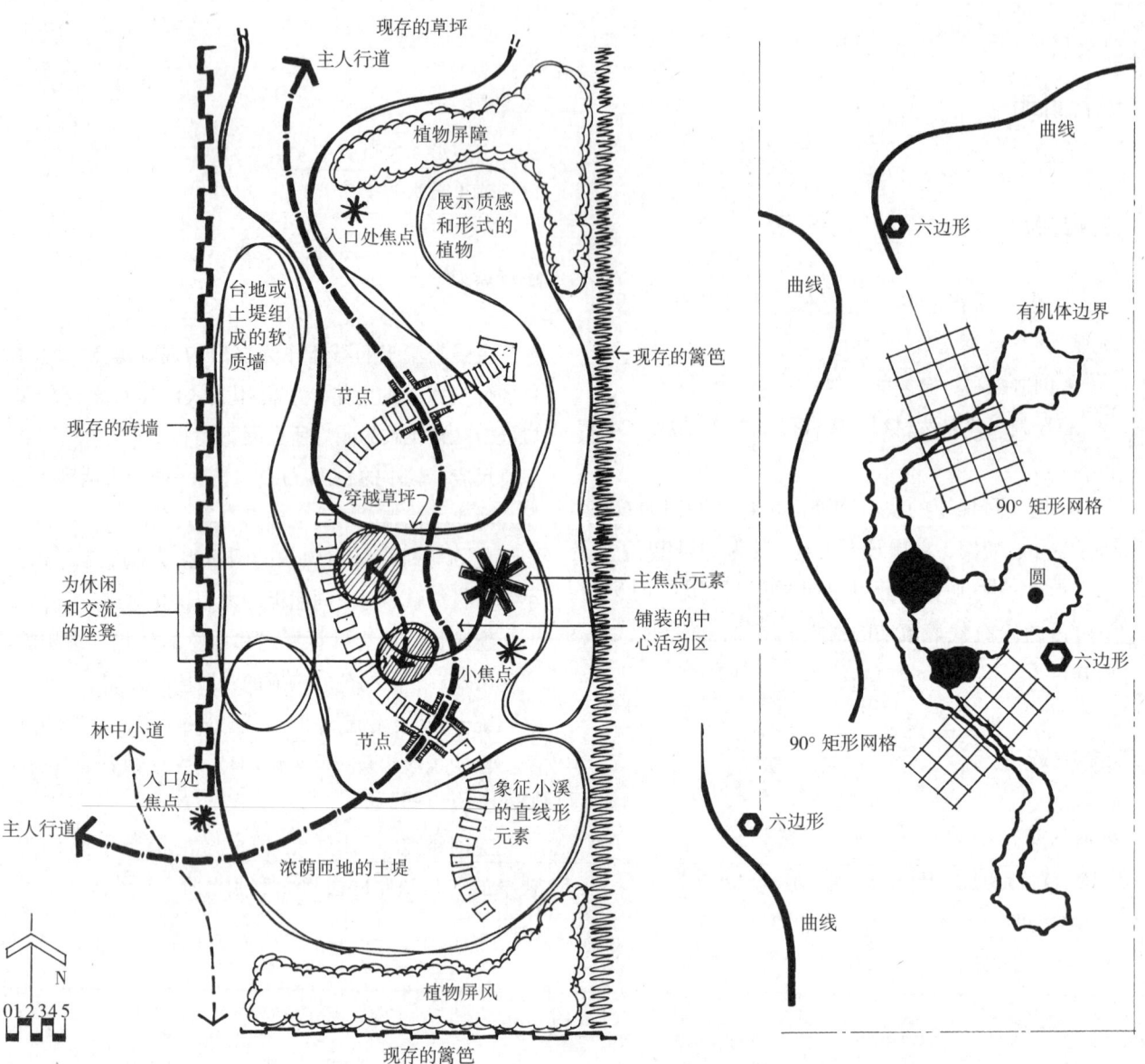

图 6-32　日式洗手钵的对话，概念性平面图　　　　　　　图 6-33　日式洗手钵的对话，主题构成图

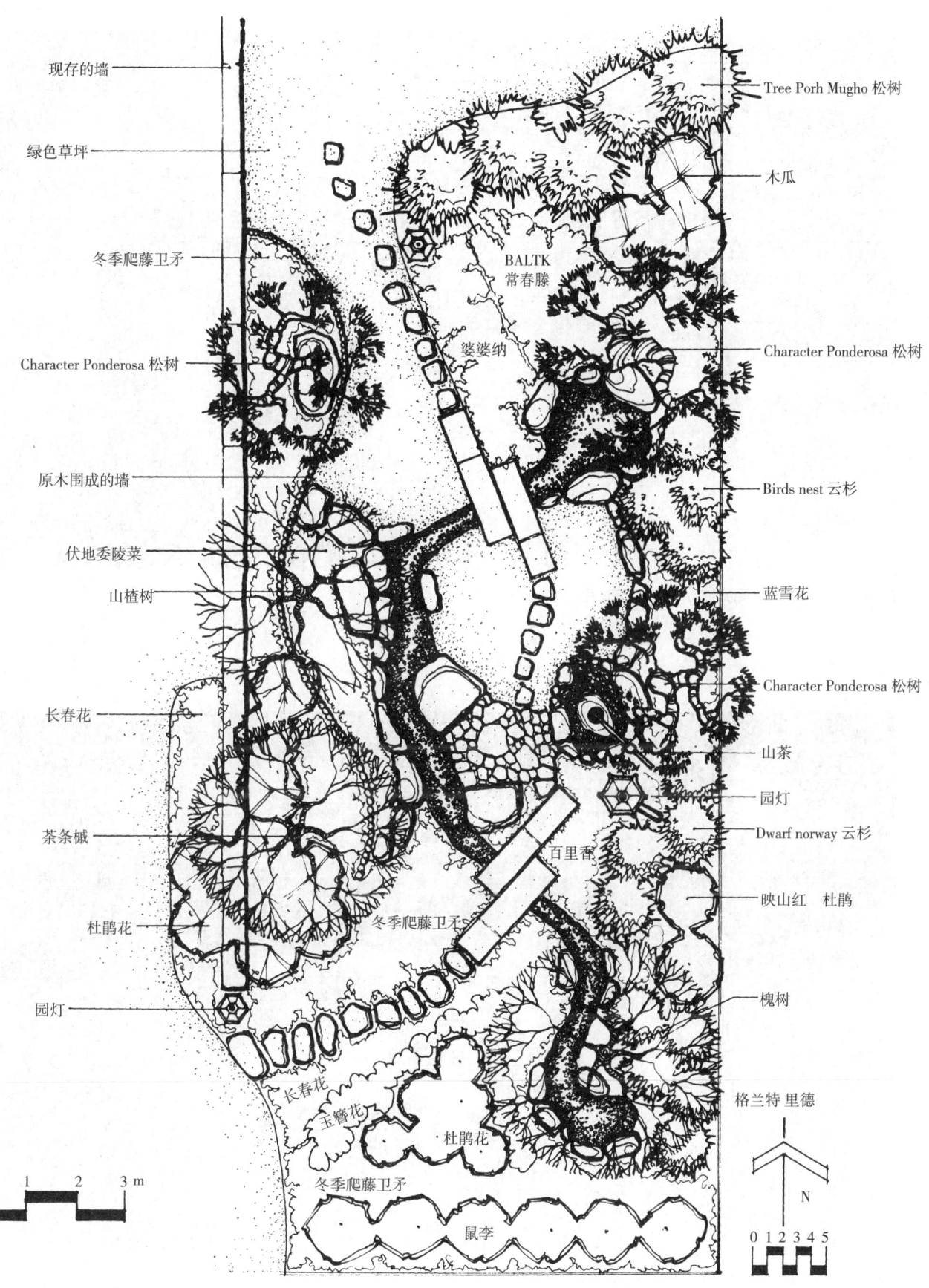

现存的墙

绿色草坪

冬季爬藤卫矛

Character Ponderosa 松树

原木围成的墙

伏地委陵菜

山楂树

长春花

茶条槭

杜鹃花

园灯

Tree Porh Mugho 松树

木瓜

BALTK
常春滕

婆婆纳

Character Ponderosa 松树

Birds nest 云杉

蓝雪花

Character Ponderosa 松树

山茶

园灯

Dwarf norway 云杉

百里香

映山红　杜鹃

冬季爬藤卫矛

槐树

格兰特 里德

长春花

玉簪花

杜鹃花

冬季爬藤卫矛

鼠李

N

0 1 2 3 4 5

0　　1　　2　　3 m

图 6-34　日式洗手钵的对话，最终的设计方案

图 6-35 日式洗手钵的对话，景观改造过程

图 6-36 日式洗手钵的对话，向南看的景观

图 6-37 日式洗手钵的对话，座凳的中间为石水钵（前景）

图 6-38 日式洗手钵的对话，向北看的景观，可见白色的象征性的溪流

项目6　绿荫如盖的隐居处

设计说明

主要目标

- 从街道到前入口的过渡要自然。
- 提供一个与外部隔离、向后回退的遮荫性花园。
- 结合一些可食用的植物。

主题构成

120°／六边形网格（平台和后院）
90°／矩形网格（下沉的天井）
蜿蜒曲线（前面的花床和车行道）
自由螺旋线（前面的人行道）

设计原则

主景　遮荫设施构成后院的主焦点。小喷泉成为这一回退的花园内的第二焦点。

尺度　强调家庭尺度。设计成适于2~4人的私密性空间。

韵律　在平台和回退的花园之间反复使用多边形铺装物以创造出一种规律性。

趣味性　改变多边形边界的方向，为后院的空间带来动感。植物增加了形式和色彩的种类。

统一性和协调性　后院统一于三角形网格的角度重复。流动的曲线把前院的空间和元素连接在一起。与建筑相接的景观元素以直角相连。种植床软化了前院的方形和弯曲形体之间的过渡。

空间特点　入口的步行道由两段台阶组成"S"形，沿斜坡深入前院。这一步行道向两头延伸，传递着开始和到达的意境。后院的植物篱墙组成了较大的室外空间。四周的植物绿篱和头顶的遮荫设施围合成一个高度封闭的回退花园。遮荫设施的顶篷在四周向下倾斜，使得四周的各边处形成了更加私密的小空间。

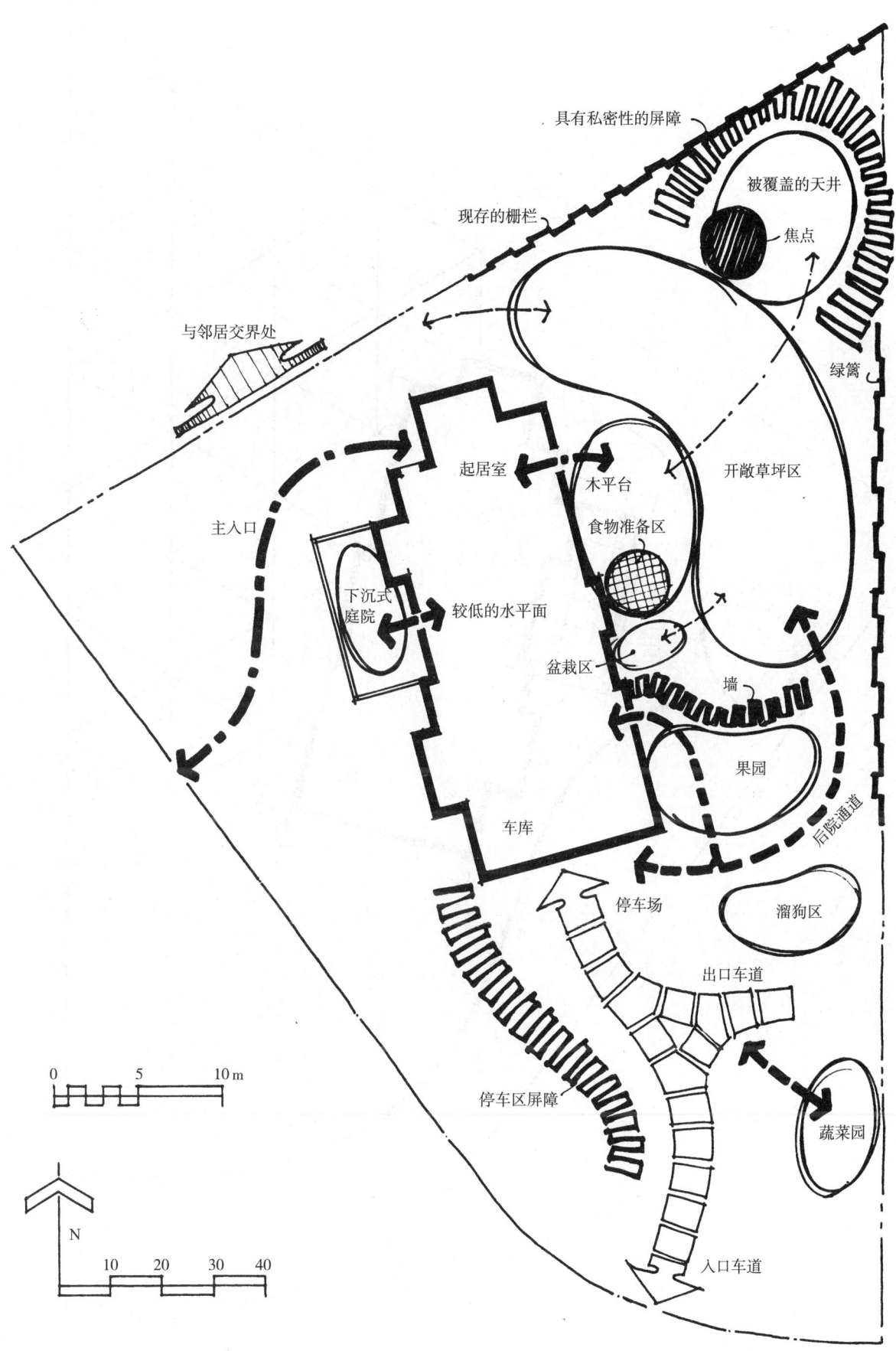

具有私密性的屏障

被覆盖的天井

焦点

现存的栅栏

绿篱

与邻居交界处

开敞草坪区

起居室

木平台

主入口

食物准备区

下沉式庭院

较低的水平面

盆栽区

墙

果园

后院通道

车库

停车场

溜狗区

0   5   10 m

出口车道

停车区屏障

蔬菜园

N

10   20   30   40

入口车道

图 6-39 绿荫如盖的隐居处，概念性平面图

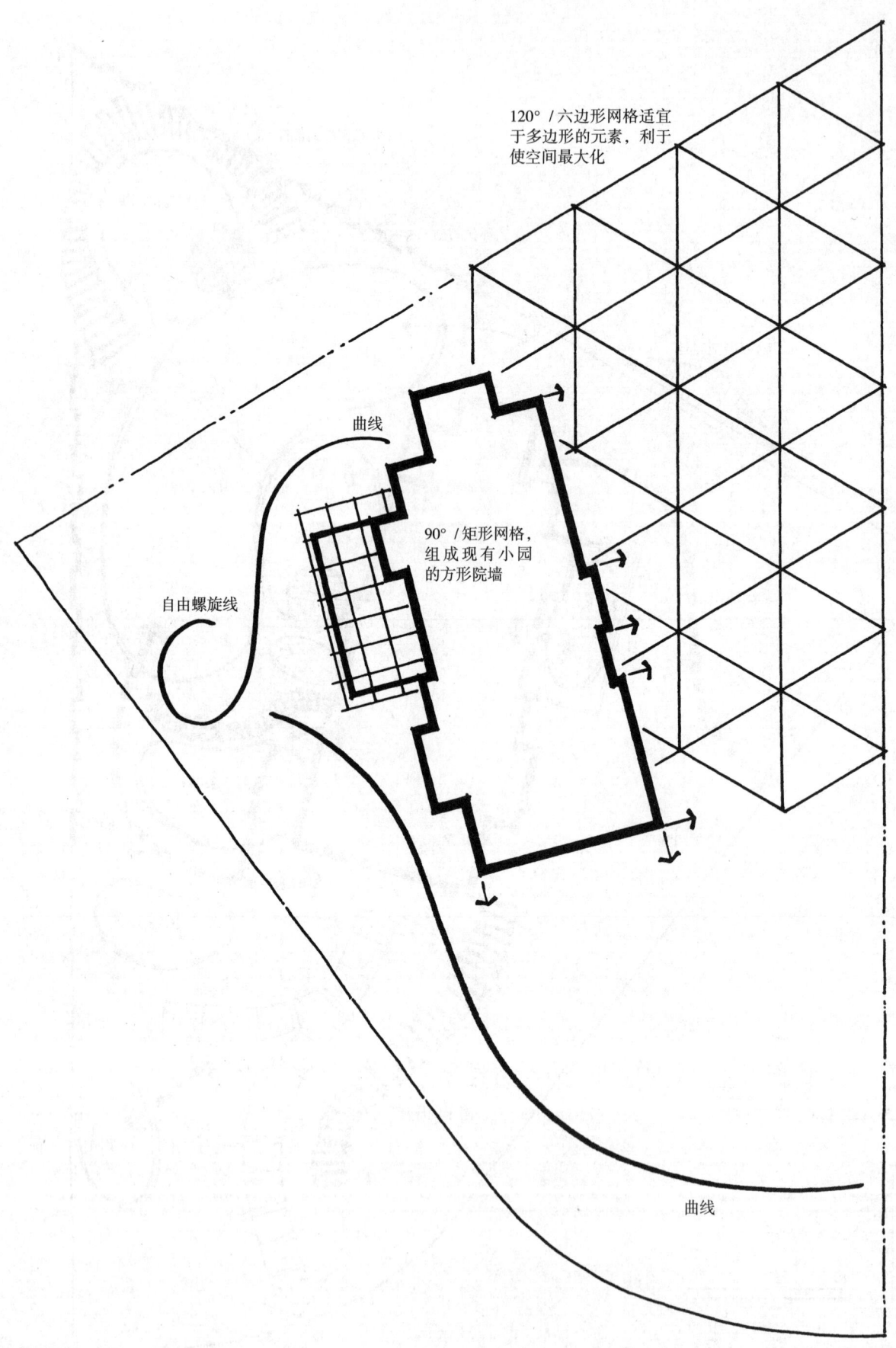

120° / 六边形网格适宜
于多边形的元素，利于
使空间最大化

曲线

自由螺旋线

90° / 矩形网格，
组成现有小园
的方形院墙

曲线

图6-40 绿荫如盖的隐居处，主题创作图

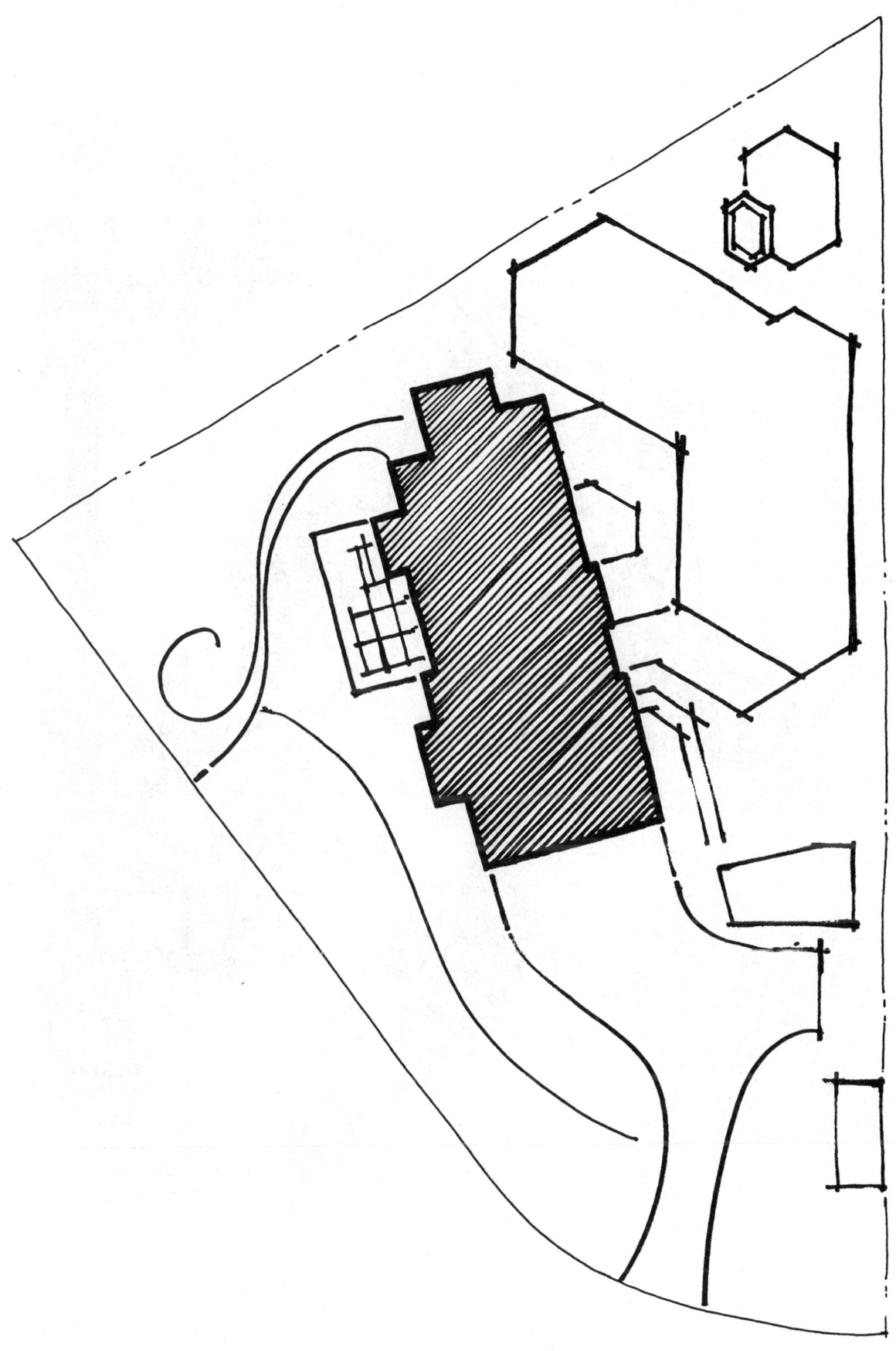

图 6-41 绿荫如盖的隐居处，形式演变图

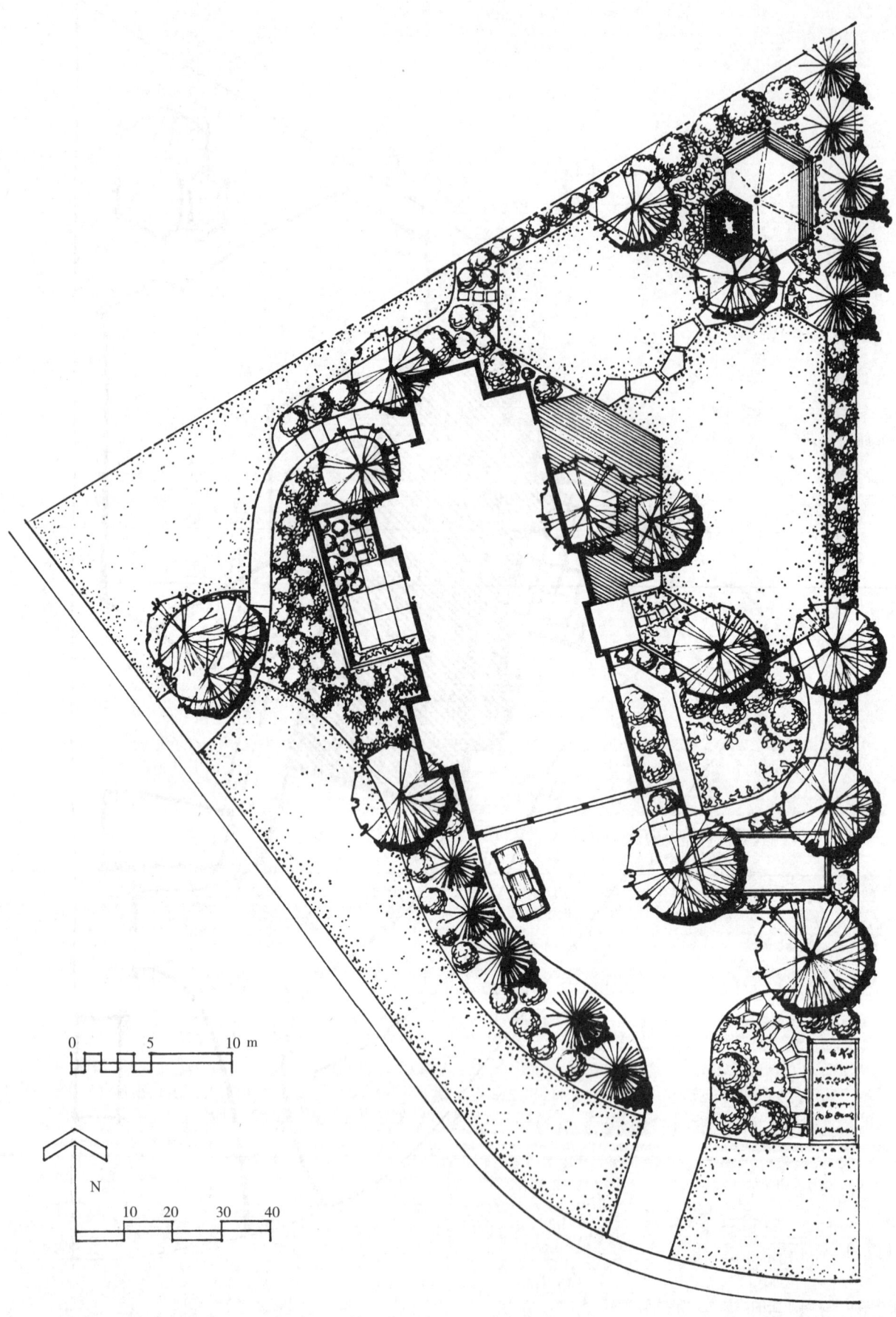

图 6-42 绿荫如盖的隐居处，最终的设计图

图 6-43　绿荫如盖的隐居处，前入口步道

图 6-44　绿荫如盖的隐居处，带角的后院木平台

图 6-45　绿荫如盖的隐居处，后院全景（北边一角）

图 6-46　绿荫如盖的隐居处，有喷泉的安静休息平台

项目7　平台连接

设计说明

主要设计目的

- 创造室外放松和娱乐的起居空间。
- 充分利用从室外大门到地面的显著高差（6英尺，约2m），开发设计有趣竖向感受的可能。
- 利用新建湖岸产生的额外地面。
- 使新建的景观建筑产生出是原有建筑延伸的感觉。
- 使湖面的景观最大化。
- 把岸上活动和水上活动连接起来。

结构主题

135°/八角形主题(紧挨建筑作为建筑线的延伸)
弓形主题（低处主平台）
多圆组合主题（地面的庭院）
135°/八角形主题重复（游船和游泳平台）

设计原则

空间序列和连接：上层平台是小型私密的空间。左侧的热水池平台是一个高度私人和封闭的空间。

右侧的烧烤平台可以远眺风景。

两段优美的台阶在平台处会合，然后下到大而开阔的中心娱乐平台。另外两段台阶下到地面层和室外空间连接，该室外空间以部分被种植隔开的庭院形式出现。总体来看，建筑呈梯级的景观形式扩展，与长满草的地面边界结合。平坦的草地围合着湖面。小型的八角形游船平台似乎在召唤参观者去探索湖中的美景。该设计完全是围绕着连接来展开的——建筑和场地的连接以及室内室外活动和场地的连接。

强调　最大的视觉吸引来自湖水本身的光线质量变化。小型的视觉焦点为庭院后的喷泉和中心的火盆。半圆形的平台是中心的主导结构，其周围连接着其他的结构。

尺度　小空间设计供二到四人使用，而其他的空间预计容纳多达20人。一旦出去到达湖上，尺度感受就变得更加"宏大"。

趣味　除了空间序列外，各种结构形状的变化也给景观带来趣味。感觉的丰富性来自喷泉的声音和触感。

统一性　建筑的材料和颜色在景观结构上的重复使组合有了统一性。

协调性　各形状间有强烈的连接并且交通顺畅。半圆形使直线到曲线的过渡非常协调。草地和水面形成的相似面和谐共处。

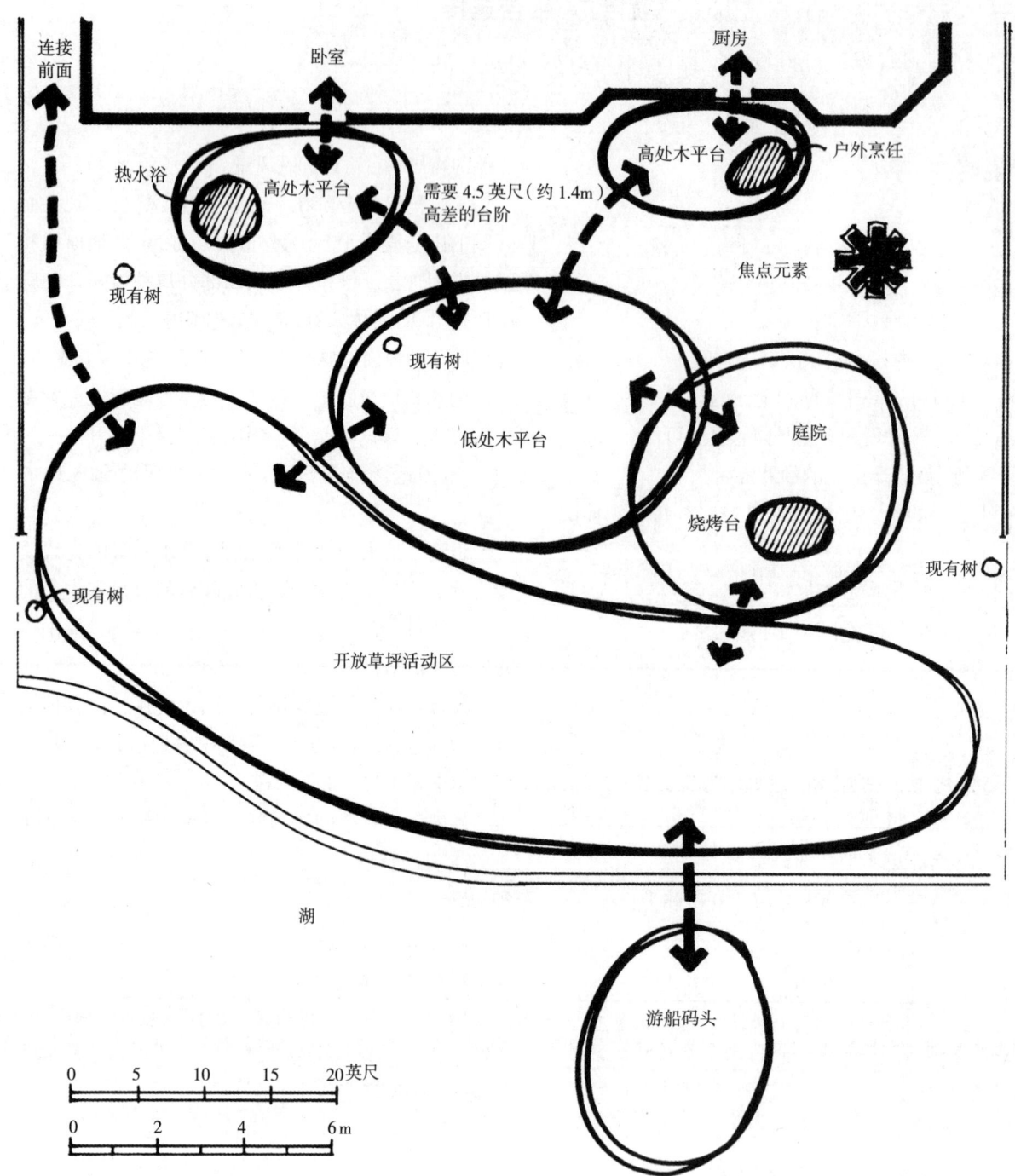

连接前面

卧室

厨房

热水浴
高处木平台

需要 4.5 英尺 (约 1.4m)
高差的台阶

高处木平台
户外烹饪

焦点元素

现有树

现有树

低处木平台

庭院

烧烤台

现有树

开放草坪活动区

湖

游船码头

0	5	10	15	20英尺

0	2	4	6m

图 6-47 平台连接，概念平面图

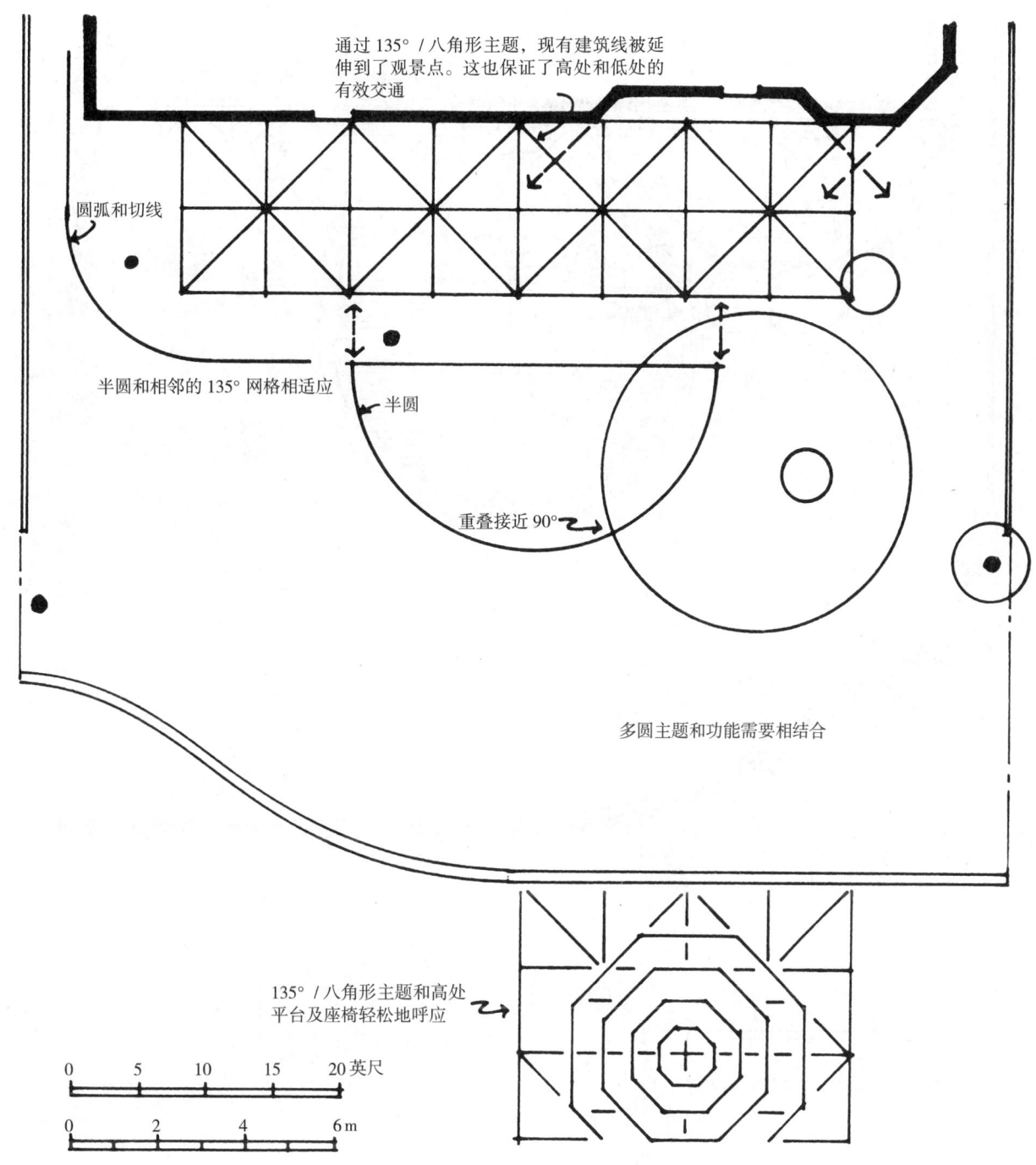

通过 135° / 八角形主题，现有建筑线被延伸到了观景点。这也保证了高处和低处的有效交通

圆弧和切线

半圆和相邻的 135° 网格相适应

半圆

重叠接近 90°

多圆主题和功能需要相结合

135° / 八角形主题和高处平台及座椅轻松地呼应

```
0    5    10    15    20 英尺
├──┼──┼──┼──┤

0        2        4        6 m
├────┼────┼────┤
```

图 6-48 平台连接，主题构成图

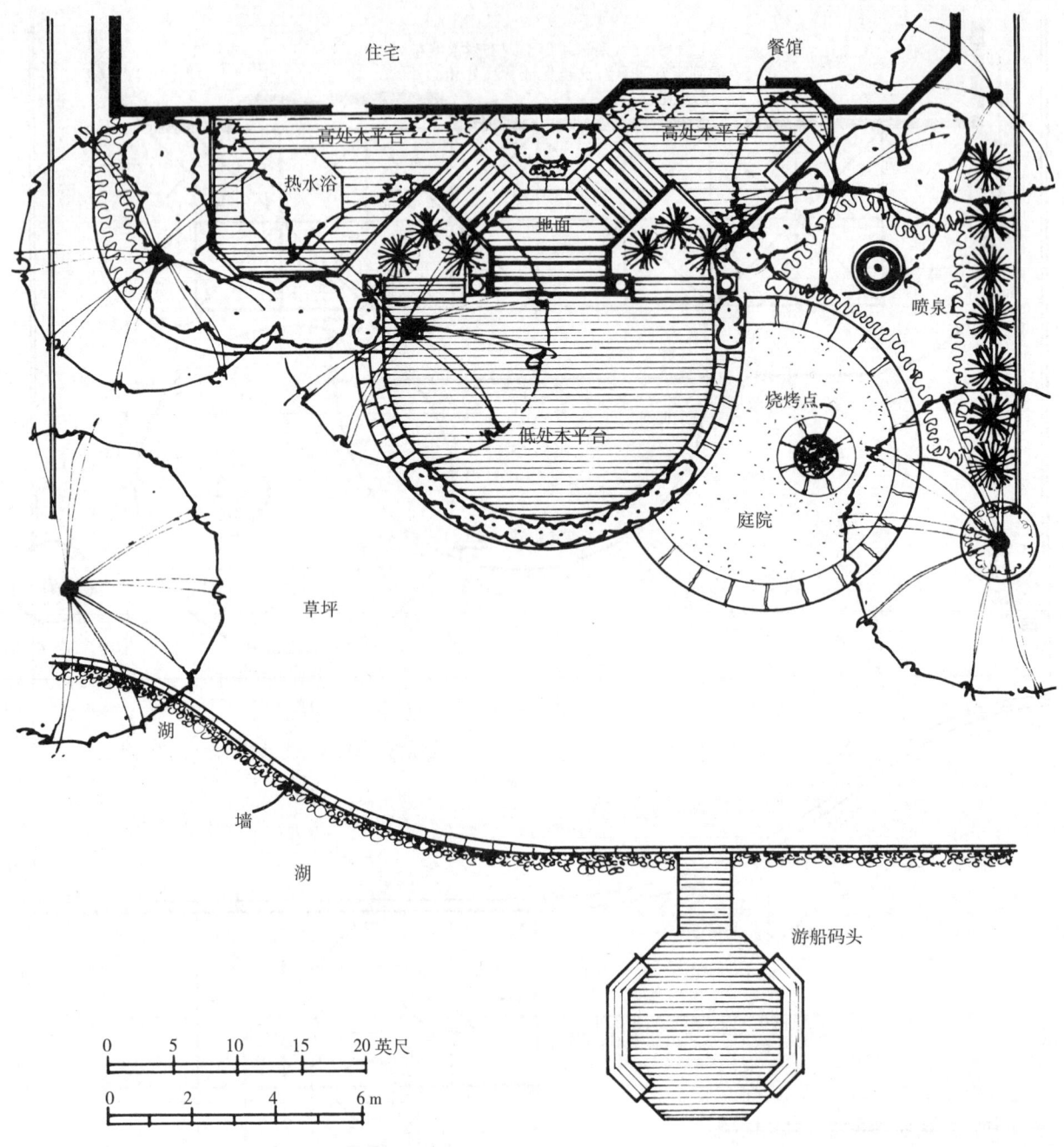

图 6-49 平台连接，最终平面图

图 6-50　平台连接，远望热水浴平台

图 6-51　平台连接，远望烧烤台

图 6-52　平台连接，主娱乐平台全景

图 6-53　平台连接，树荫下的低处平台

图 6-54　平台连接，游船平台

图 6-55　平台连接，从游船平台看到的景观

附　录

目录

图案网格

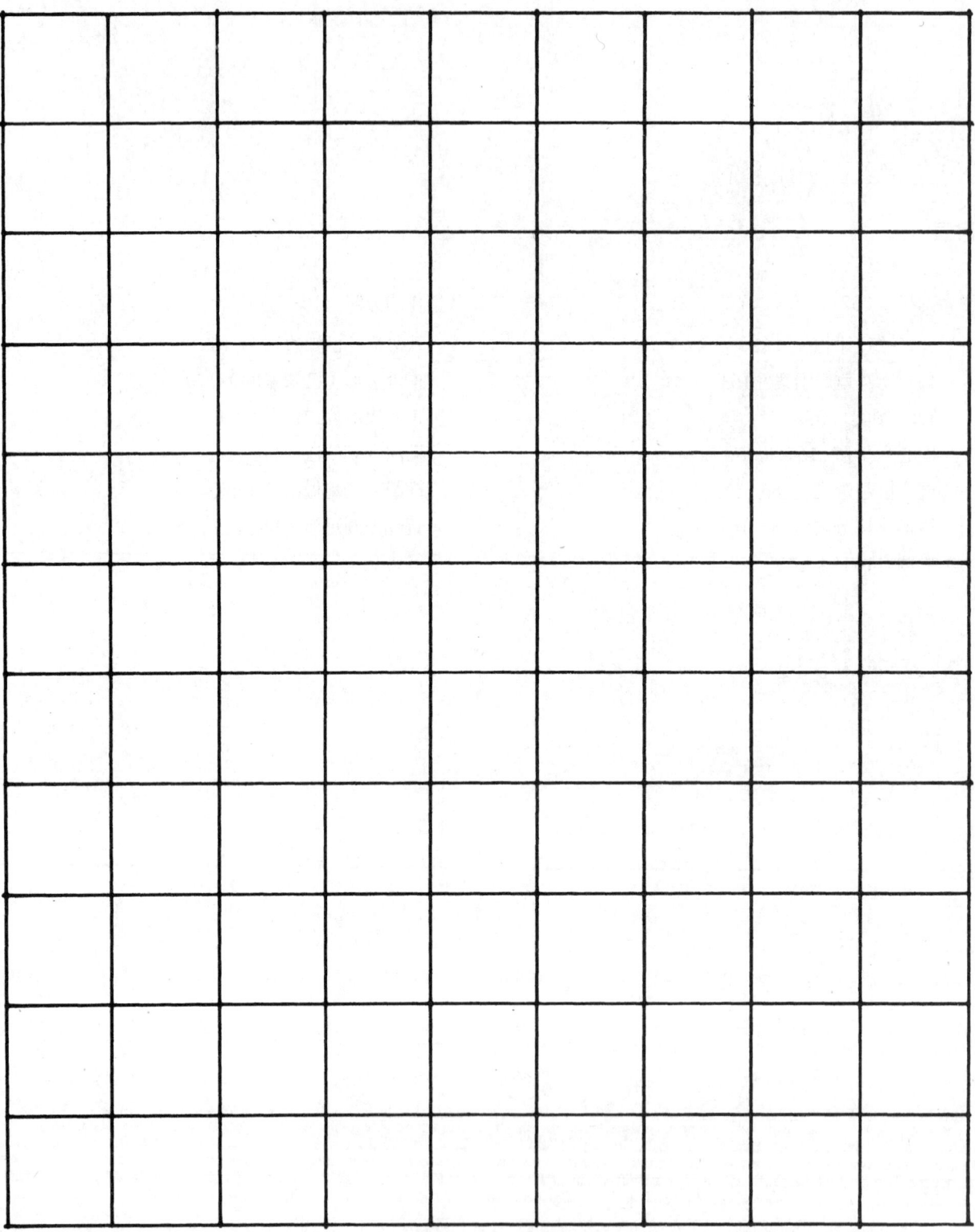

图 A-1　90°／矩形图案

图 A-2　135° / 八角形图案

图 A-3　120° 图案

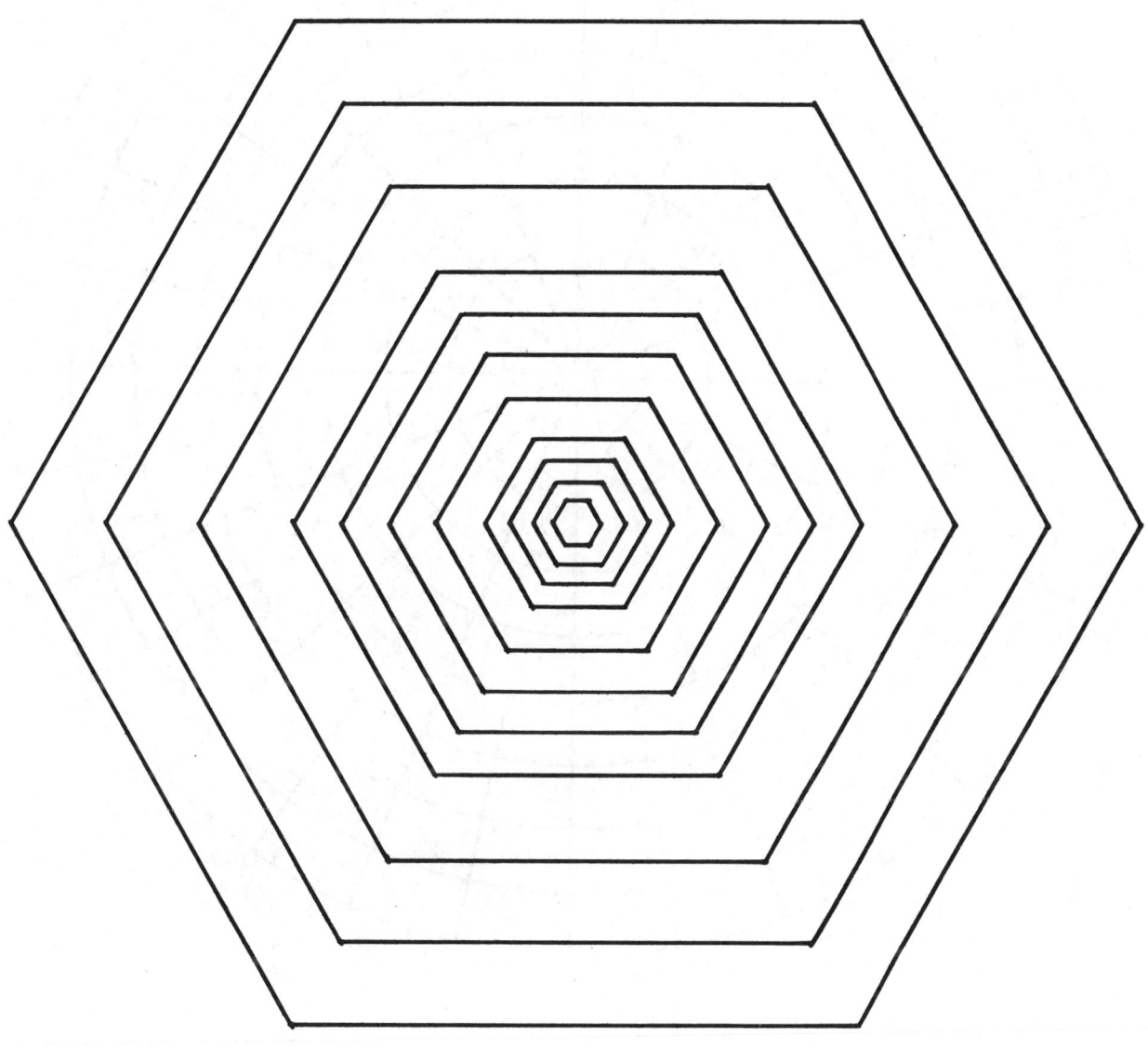

图 A–4　同心六角形

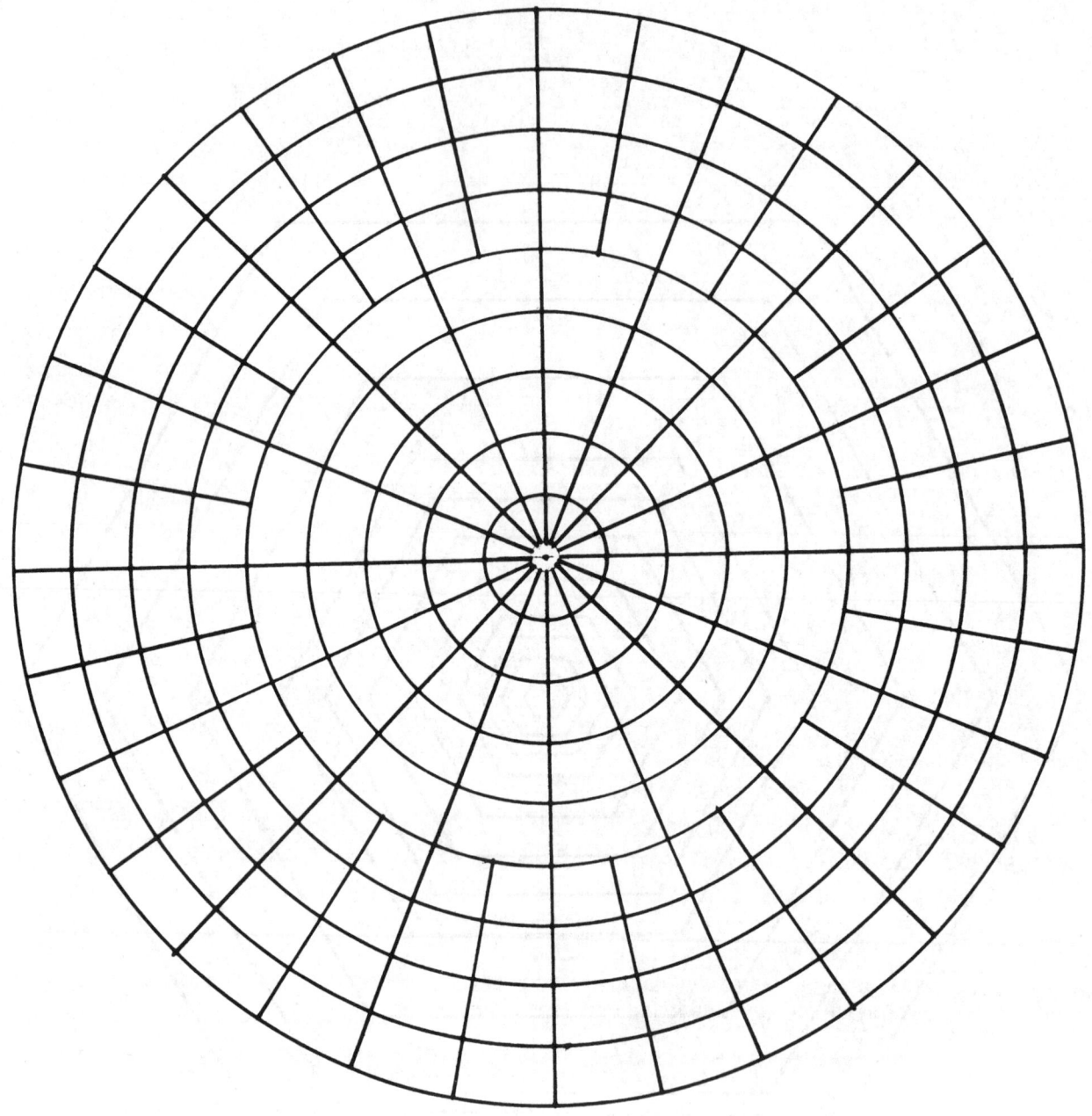

图 A-5 同心圆和半径

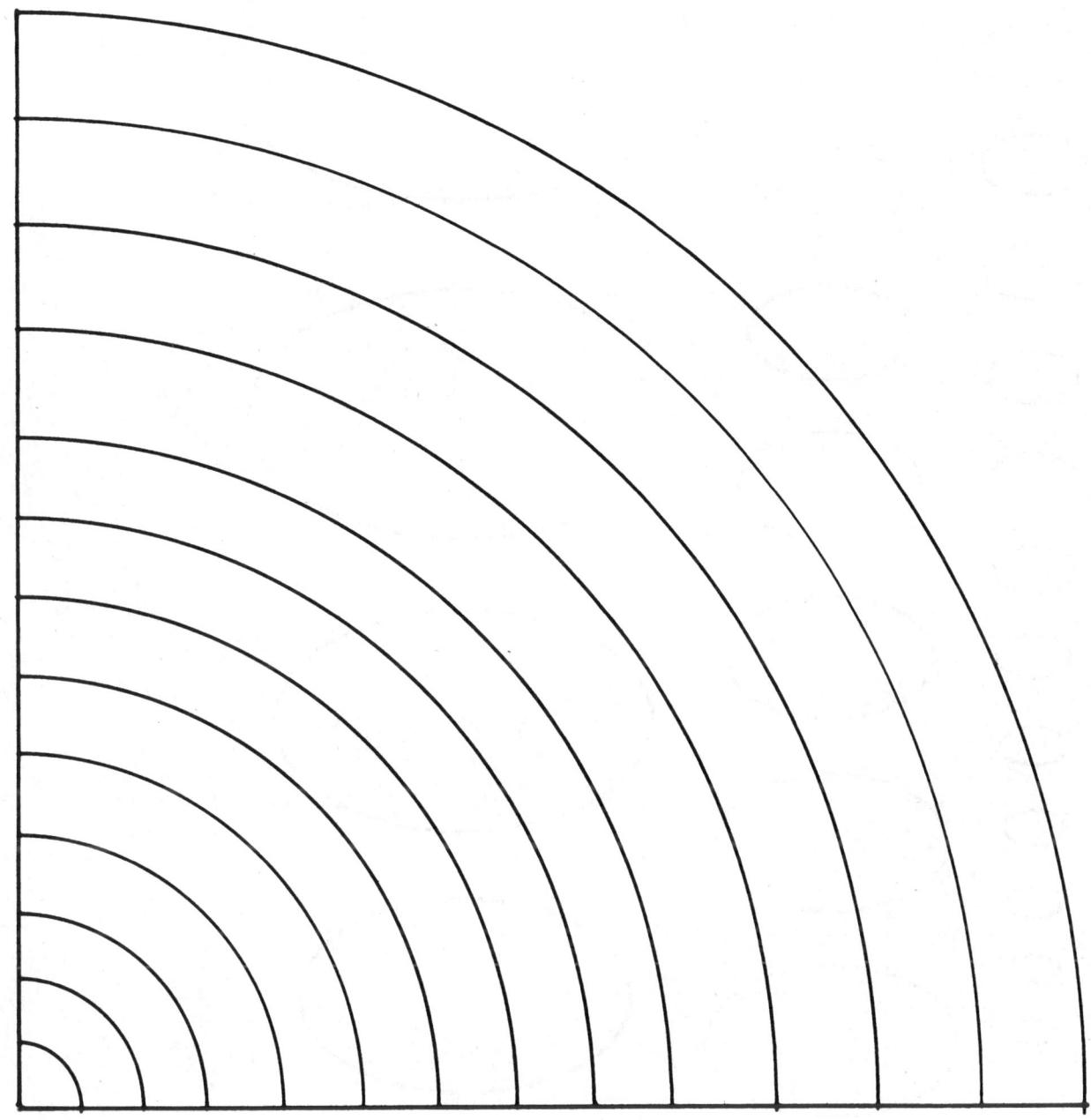

图 A-6　弓形 – 四分之一圆

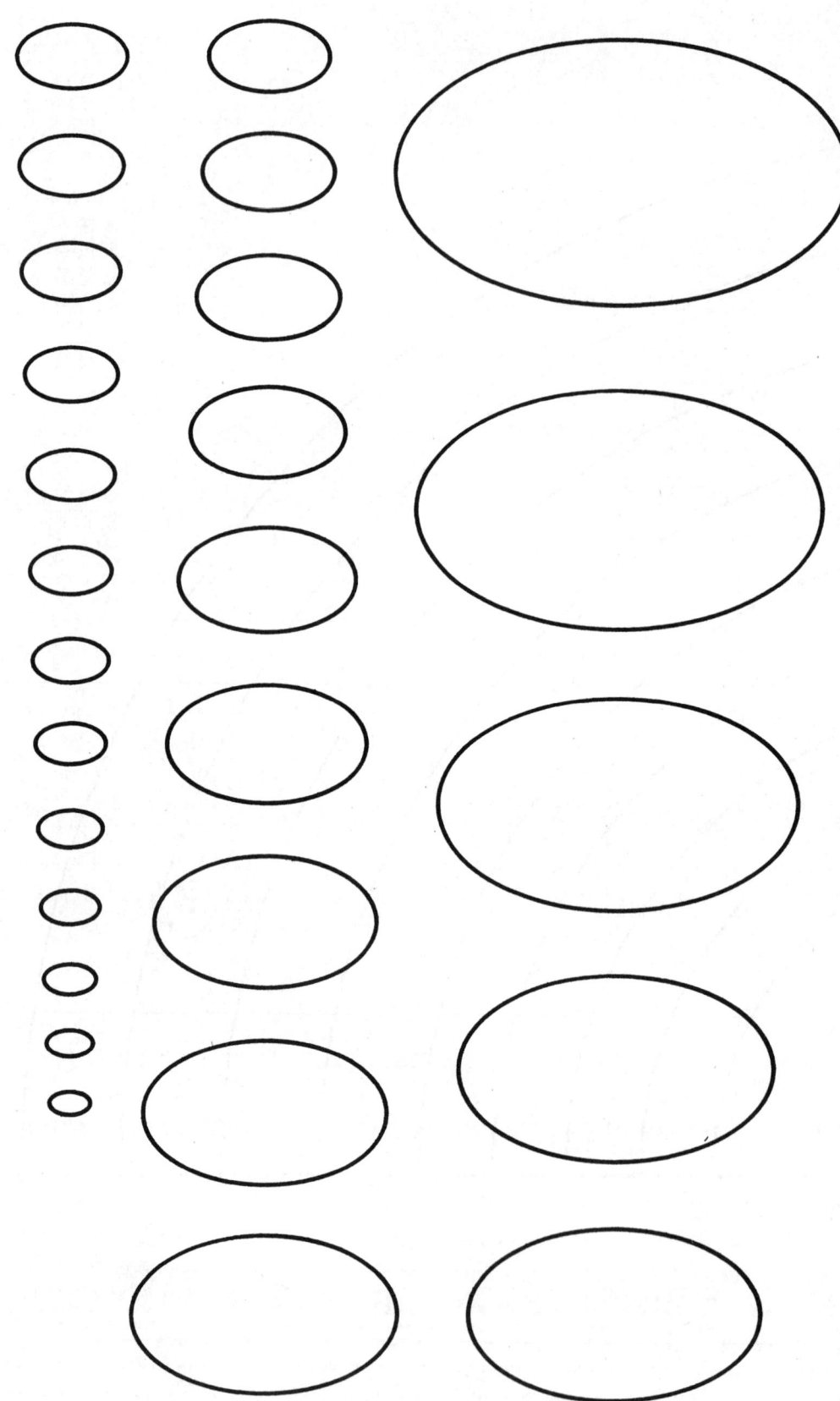

图 A-7　椭圆

几何作图方法

六边形（已知边长）

利用需要的边长为半径作圆，保持圆规两脚间距离仍为半径的长度，利用该长度等分圆（图 A–8）。

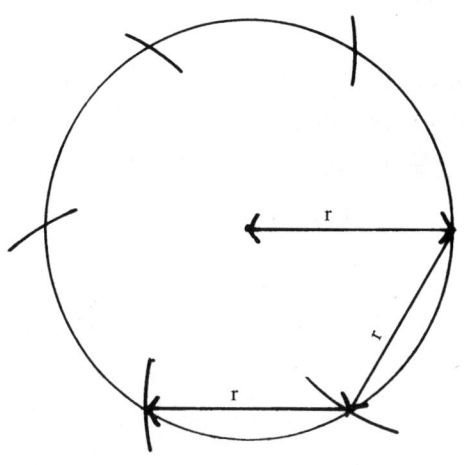

图 A–8

连接这些交点成为六边形（图 A–9）。

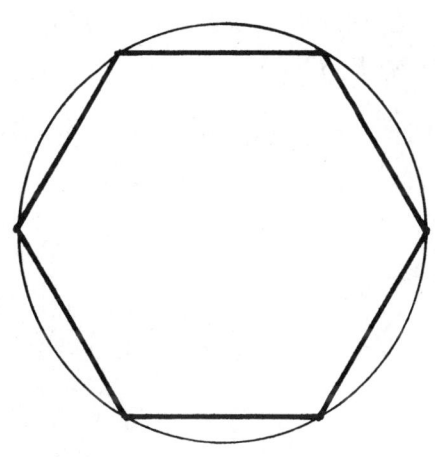

图 A–9

正六边形（已知宽度）

1. 画相交的水平线和垂直线 *AB*，*CD*。

2. 选择想要的六边形尺寸（最小尺度）。距中心点 *O* 相等处画两条与 *AB* 相交的垂直线，它们与 *O* 的距离为六边形尺寸的一半。

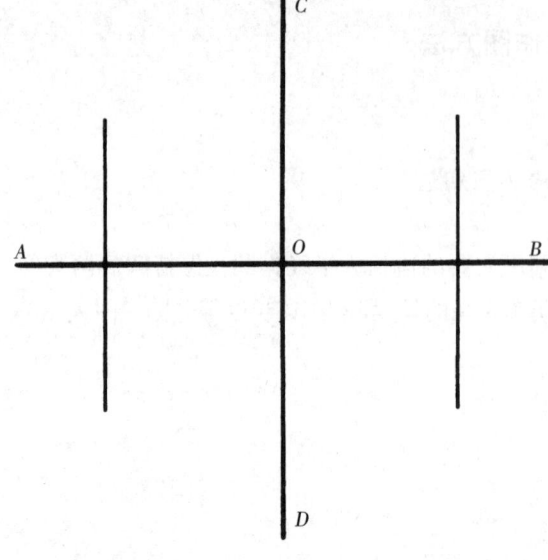

3. 用 30°/60° 三角形，画两条通过的对角线，与 *O* 成 30° 夹角，与两垂直线分别相交于 *E*、*F*、*G*、*H* 四点。如果六边形的宽度为已知，就可先画出对角线，再画垂直线 *GE*、*FH*。

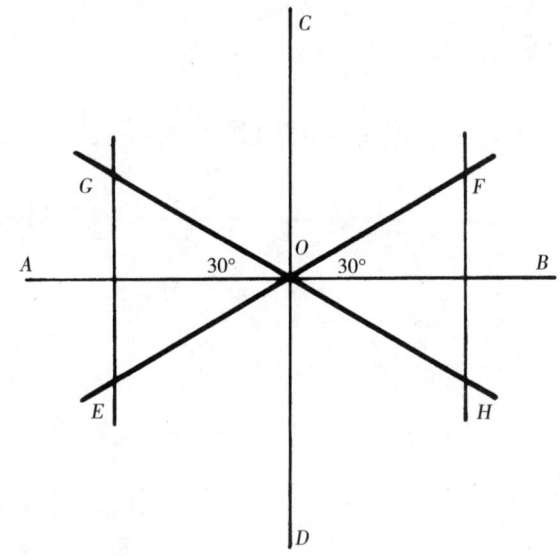

4. 沿 *O* 点上下滑动三角形从 *EF* 和 *GH* 交点画 30° 夹角形成六边形外部轮廓。

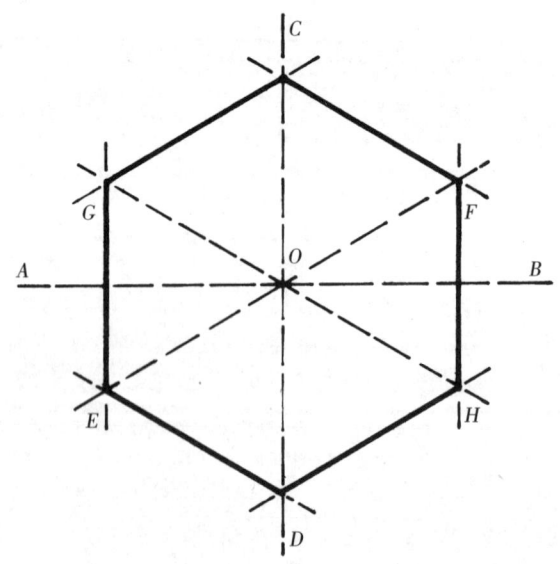

图 A-10

正五边形

1. 以 *AB* 为直径画圆，从圆心 *O* 向上画垂线 *OC*，*OB* 二等分得到 *D*，以 *CD* 为半径画圆弧与 *AO* 相交于 *E* 点。

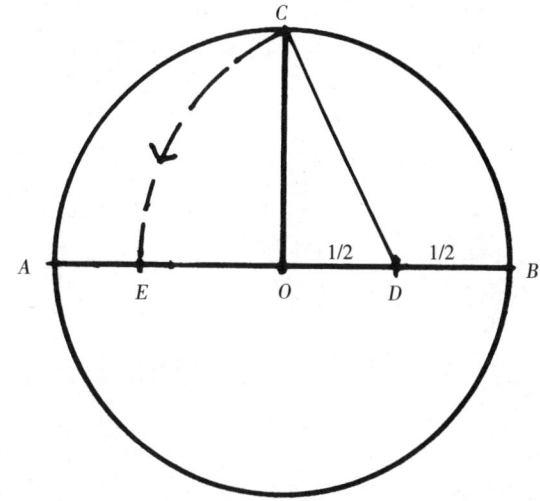

2. 以 *C* 为圆心，*CE* 为半径画弧分别与圆周交于 *F* 和 *G* 点，分别以 *F*、*G* 为中心，按与前面相同的半径画弧得到交点 *I* 和 *H*。

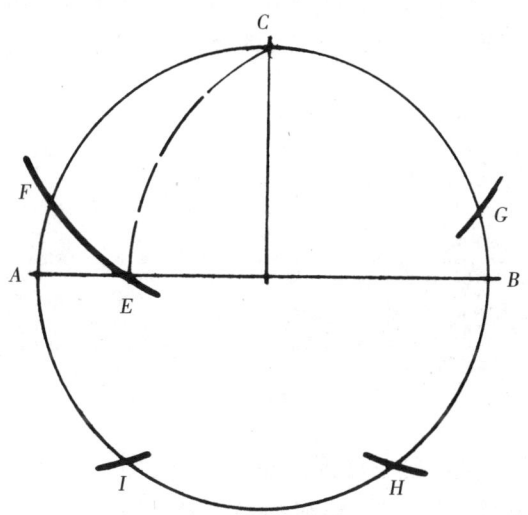

3. 连接 *C*、*G*、*H*、*I*、*F* 各点组成五边形（Crichlow，1970）。

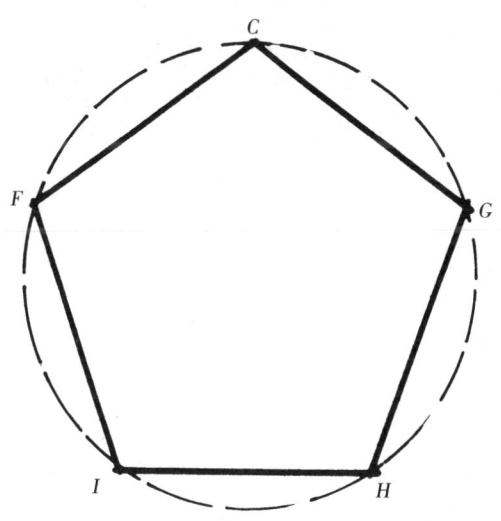

图 A—11

椭圆-切线法

1. 根据想要的尺寸和比例画出主轴 *AB* 和副轴 *CD*，沿它们的端点画一矩形把 *AB*、*EH*、*FG* 各分为八等分。

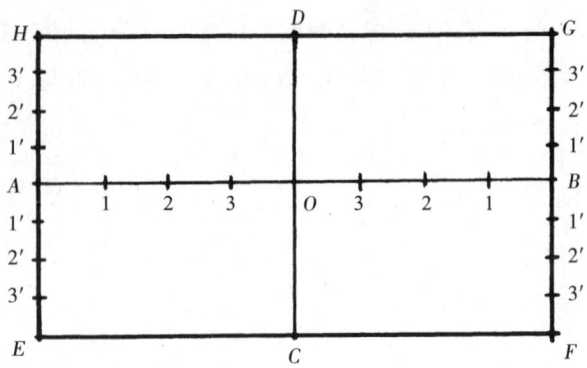

2. 从 *D* 向 1′、2′、3′ 画线，从 *C* 画线分别通过 1、2、3 并与前面画出的线相交，用圆点标记通过 3 和 3′ 的交点，2 和 2′ 的交点，1 和 1′ 的交点。

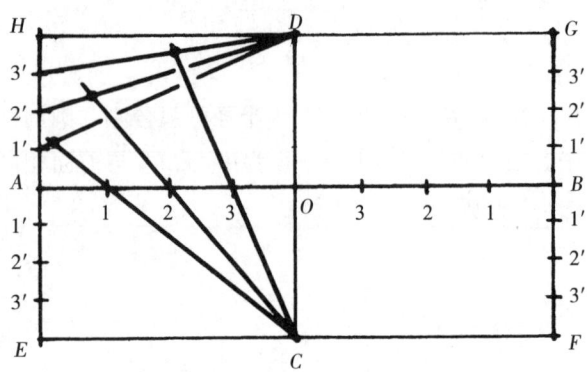

3. 在另外三个象限中重复这一做法，然后用平滑曲线连接各点形成椭圆（Pearson，1968）。

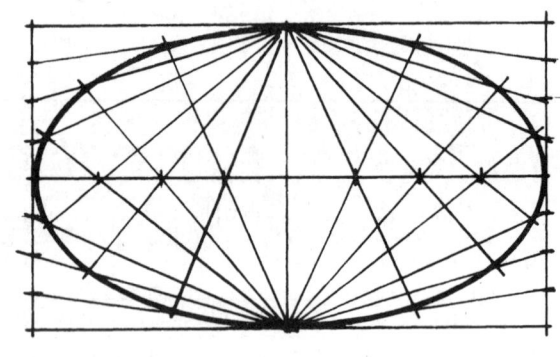

图 A-12

椭圆－场地做法

对于景观工作人员，这种布局椭圆的形式对椭圆场地放样是非常有用的。

1. 垂直放置主轴 AB 和副轴 DC 两条绳子，这将是椭圆的最宽和最窄处。

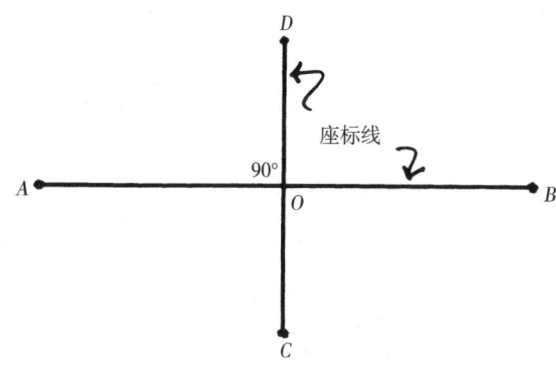

2. 测量 AO 距离并带皮尺至 D 点，用这一距离在直线 AB 上标记出 F_1 和 F_2，用金属钉固定地上以免其移动。

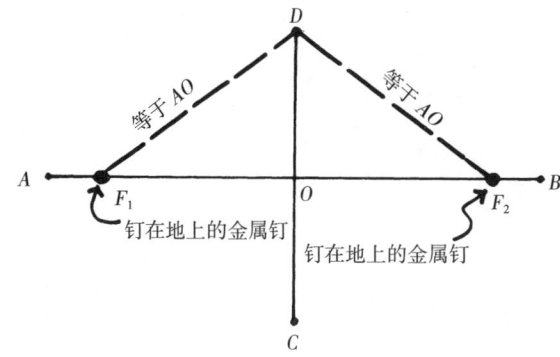

3. 拿一条平滑的绳子，在绳子上做两个标记，之间距离正好等于 AB 之间的距离，把绳子用钉子固定，两个标记位于 F_1、F_2 两点。准备一小段塑料管，拉紧绳子，管子沿绳子滑动就画出一个椭圆（Pearson，1968）。

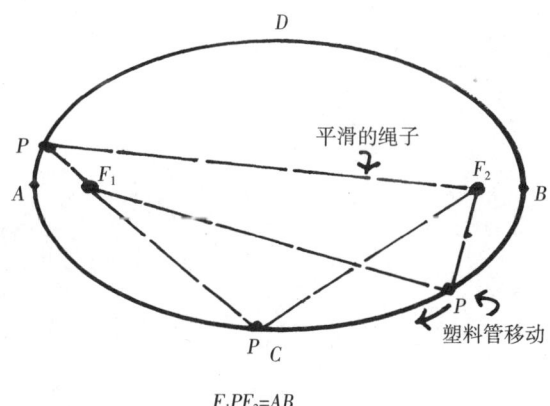

图 A-13

黄金分割矩形

　　画一正方形，沿平行的两边中点从中间一分为二。给其中的一半添加对角线，并以此对角线为半径画圆弧与正方形的延长线相交，这就形成了新矩形的长边。这一图形存在这种比例：如果沿矩形的短边做一正方形，剩下的部分仍是一个黄金分割矩形，这一分割过程可以一直持续到无法画出。

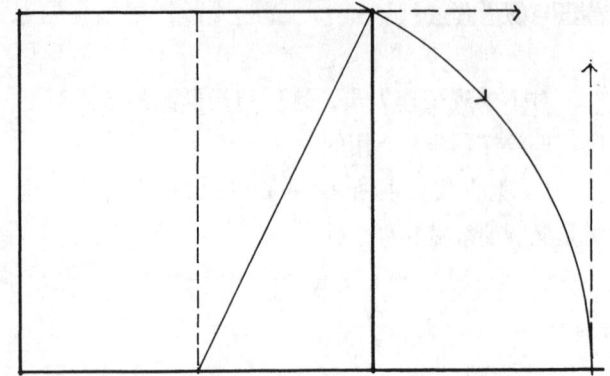

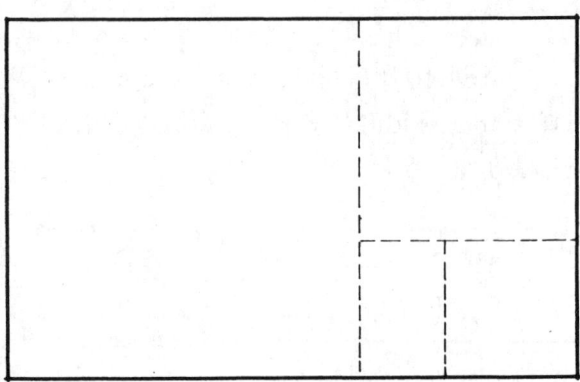

图 A–14

参考文献

创造力

Cowley, Sue. 2004. *Creative Thinking*. London; New York: Continuum.

De Bono, Edward. 1993. *Serious Creativity: Using the Power of Lateral Thinking to Create New Ideas*. New York: HarperBusiness.

Halpern, Diane F. 1997. *Critical Thinking across the Curriculum: A Brief Edition of Thought and Knowledge*. Mahwah, NJ: Lawrence Erlbaum Associates.

几何图形和自然图案

Cook, Theodore. 1979. *The Curves of Life*. New York: Dover.

Critchlow, Keith. 1970. *Order in Space*. New York: Viking Press.

Dubé, Richard L. 1997. *Natural Pattern Forms: A Practical Sourcebook for Landscape Design*. New York: Van Nostrand Reinhold.

Feder, Jens. 1988. *Fractals*. New York: Plenum Publishing Company.

Gleick, James. 1987. *Chaos: Making a New Science*. New York: Viking Press.

Mandelbrot, Benoît. 1982. *The Fractal Geometry of Nature*. New York: W. H. Freeman.

O'Daffer, Phares G., and Stanley R. Clemens. 1992. *Geometry: An Investigative Approach*. Menlo Park, CA: Addison Wesley Publishing.

Pearce, Peter. 1978. *Structure in Nature Is a Strategy for Design*. Cambridge, MA: The MIT Press.

Pearson, G. 1968. *Geometric Drawing*. Oxford: Oxford University Press.

Phillips, W. J. 1960. *Maori Rafter and Taniko Designs*. Wellington, New Zealand: Wingfield Press.

Rabinovich, M. I., A. B. Ezersky, and Patrick D. Weidman. 2000. *The Dynamics of Patterns*. Singapore: World Scientific Publishing Co.

Senosiain, Javier. 2003. *Bio-Architecture*. Burlington, MA: Architectural Press.

Stubblefield, Beauregard. 1969. *An Intuitive Approach to Elementary Geometry*. Belmont, CA: Brooks-Cole Publishing Co.

景观设计

Bell, Simon. 2004. *Elements of Visual Design in the Landscape*. London: Spon Press.

Booth, Norman K. 1983. *Basic Elements of Landscape Architectural Design*. New York: Elsevier Science Publishing Co.

Booth, Norman K., and James E. Hiss. 1991. *Residential Landscape Architecture: Design Process for the Private Residence*. Upper Saddle River, NJ: Prentice Hall.

De Sausmarez, Maurice. 1964. *Basic Design: The Dynamics of Visual Form*. New York: Van Nostrand Reinhold.

Douglas, William Lake, and J. Brookes. 1984. *Garden Design*. New York: Simon & Schuster.

Garnham, Harry L. 1985. *Maintaining the Spirit of Place*. Mesa, AZ: PDA Publishers.

Hannebaum, Leroy. 2002. *Landscape Design: A Practical Approach*. Upper Saddle River, NJ: Prentice Hall.

Holden, Robert. 2003. *New Landscape Design*. London: Architectural Press.

Ingels, Jack. 1997. *Landsaping Principles and Practices*. New York: Delmar Publishers.

Lauer, David. 1979. *Design Basics*. New York: Holt, Rinehart and Winston.

Lin, Mike W. 1993. *Drawing and Designing with Confidence*. New York: Van Nostrand Reinhold.

Moore, Charles W., William J. Mitchell, and William J. Turnbull, Jr. 1988. *The Poetics of Gardens*. Cambridge, MA: MIT Press.

Motlock, John L. 1991. *Introduction to Landscape Design*. New York: Van Nostrand Reinhold.

Murphy, Michael D. 2005. *Landscape Architectural Theory: An Evolving Body of Thought*. Long Grove, IL: Waveland Press.

Pierceall, Gregory. 1990. *Sitescapes: Outdoor Rooms for Outdoor Living*. Upper Saddle River, NJ: Prentice Hall.

Potteiger, Matthew, and Jamie Purinton. 1998. *Landscape Narratives: Design Practices for Telling Stories*. New York: John Wiley.

Swaffield, Simon. 2002. *Theory in Landscape Architecture: A Reader*. Philadelphia: University of Pennsylvania Press.

Wong, Wucius. 1993. *Principles of Form and Design*. New York: Van Nostrand Reinhold.

索　引